The Universe Next Door

A Journey Through
55 Alternative
Realities,
Parallel Worlds
and
Possible Futures

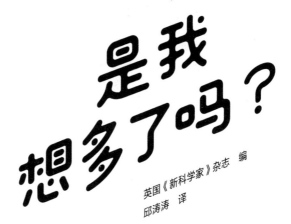

英国《新科学家》杂志 编

邱涛涛 译

中信出版集团｜北京

图书在版编目（CIP）数据

是我想多了吗？/英国《新科学家》杂志编；邱涛
涛译.--北京：中信出版社，2019.6
书名原文：The Universe Next Door: A Journey
Through 55 Alternative Realities, Parallel Worlds
and Possible Futures
ISBN 978-7-5217-0346-7

I.①是… II.①英… ②邱… III.①天文学－普及
读物 IV.①P1-49

中国版本图书馆CIP数据核字（2019）第060445号

是我想多了吗？

编　　者：英国《新科学家》杂志
译　　者：邱涛涛
出版发行：中信出版集团股份有限公司
　　　　　（北京市朝阳区惠新东街甲4号富盛大厦2座　邮编　100029）
承 印 者：北京楠萍印刷有限公司

开　　本：880mm×1230mm　1/32　　印　　张：9.25　　字　　数：171千字
版　　次：2019年6月第1版　　　　　印　　次：2019年6月第1次印刷
京权图字：01-2019-1941　　　　　　广告经营许可证：京朝工商广字第8087号
书　　号：ISBN 978-7-5217-0346-7
定　　价：56.00元

第 3 章　站在宇宙的岔路口　/ 095

第 4 章　未知的生命　/ 119

第 5 章　未来的无限可能　/ 171

第 6 章　走向公元 100000 年　／217

第 7 章　旅途的尽头　／245

是我想多了吗?

假设你打开一扇门,进入了另一个不同的宇宙。它也许跟你现在居住的宇宙没什么两样,但总会有一个十分重要的区别。在有的宇宙中,恐龙可能并未受到巨型陨石的撞击而从此消失,仍然是地球的霸主。在另一些宇宙中,人类也在地球上繁衍,但那里没有煤矿,没有石油,没有天然气,因此他们的社会只能靠木材、蒸汽和人们的埋头苦干来维持(和我们地球的某个阶段有些相似)。还有的宇宙就像是遥远未来的地球,围绕着快要熄灭的太阳运转,渐行渐远。那里究竟是否生存着某些物质呢?如果有的话,是动物,还是机器?

这些虚拟的宇宙由于经历了不同的偶然事件,或由于时间的鸿沟或量子性质的奇特差异,与我们生活的宇宙分道扬镳。也许它们看起来就像是白日梦的产物,这话也没错。但是关于它们的思考并不仅仅是一种打趣性的胡乱猜想。在这本书里,你将发现很多有趣的东西,以及很多"胡思乱想"。

这趟去往其他宇宙的"兔子洞"的旅行[①]源于一个基本的观点，并从逻辑上引发了其他所有问题，这些问题既怪诞，又反直觉。我们将由此得到一些惊人的结论——不是关于所谓的另一个宇宙，而是关于我们生活的这个宇宙。

其实也不用对此太过惊奇。毕竟，提出问题一直是我们理解周围世界的基础。"为什么"可能是每个爱打破砂锅问到底的孩子会问的第一个问题，以试图把我们周围的世界归入一个条理清楚的模型中。许多人甚至在步入成年后，还在基于几乎相同的原因不停地问着这个问题。一些人靠问这样的问题为生，比如科学家和哲学家，而另一些人只是感到好奇，就像《新科学家》杂志的读者们一样。

"怎样"是另一个绝妙的问题。恒星怎样运行？生命怎样延续？而一旦当你找到了这些问题的答案，你还可以把它们组合起来形成更加复杂的问题：恒星怎样使得生命延续？这类问题的答案往往最终就会变得深奥且出人意料。

仅仅靠问"为什么"和"怎样"这样的问题，你就能取得长足的进步——从婴儿到成人，从来自我们感官的基本认知到建立纷繁芜杂的宇宙的具象模型和做出有力的解释。而除此之外，还有许多重大的问题等待着我们回答。

我们在宇宙中是唯一的吗？我们真的拥有自由意志吗？我们的自我感知从哪里来？在回答这些问题的时候，还原论者的办法——把问题分解，然后不断地问"为什么"以及"怎样"——可能既不会加快

---

① 这里作者援引了《爱丽丝漫游奇境记》的故事，将去往其他宇宙的旅行比作爱丽丝漫游奇境，而爱丽丝的经历正是从跌进一个兔子洞开始的。——译者注

我们对问题的理解，也不会使问题变得很容易。

于是我们引入第三类问题（正如本书所做的那样）：如果……会怎样？我们知道我们在这个宇宙中所观察到的事物是如何呈现出现在的样子的，但是很难说这是一种必然，还是仅仅碰巧是这样。因此不妨试问，如果事情变成另一种样子，会怎样？

所以，如果恐龙没有灭绝，会怎样？它们仍旧会统治地球到现在吗？

如果我们都不吃肉，会怎样？我们的环境会得到真正的改善吗？

或者哪怕只是你决定早餐吃点儿不一样的呢？会怎样？

这些问题是有价值的，因为它们迫使我们抛弃关于宇宙如何运行的基本假设，帮助我们区分命运中的巧合事件和深层次的真理。并且，与我们的直觉相比，它们能让我们得出更加迷人的答案。

恐龙也许会继续统治地球，但这并不意味着它们就能发展出像人类一样的智慧；变成素食主义者也并不像你想象的那样包治百病；而你对早餐的选择，就像你所做的其他决定一样，无论多么不起眼，都有可能会产生出全新的宇宙。

继续往下阅读，你就能找到我们对所有这些问题的答案，以及众多其他可能存在的现实、平行的世界和可能的未来——有些你可能已经想到了，但还有很多你可能从未想到。欢迎来到另一个宇宙。

素密·保罗–乔杜里

《新科学家》杂志主编

第 1 章

和宇宙一起玩色子

"霍拉旭，天地之间有许多事情是人类的哲学里所没有梦想到的呢。"年轻的哈姆雷特在与父亲的鬼魂邂逅之后，不安地说。而哈姆雷特这番话正是对多重宇宙的一个恰如其分的写照。多重宇宙是物理学家提出的名词，用来描述我们这个宇宙周围可能存在的无穷多个平行的宇宙。它们展示了多种现实，我们穷其一生，也难以想象。

这并非因为我们没有尝试过。在哈姆雷特初登舞台之后的400年里，我们在脑海中不断构建虚拟的宇宙，重新排列天地时钟的齿轮，只为一探这一影响世界运行的机制。这些奇怪且不现实的世界被建造出来，往往是用来挑战我们自己对宇宙如何运行所做的假设，有时它们也被用来探索宇宙本身的真理。

黑洞、亚原子粒子、时间延缓及引力波，早在我们发现它们存在证据的很久之前，科学家就在他们的哲学里想象过了。在多重宇宙中，所有可能的宇宙都同时存在，因此无论你设想的宇宙多么奇怪，总有一个宇宙与之对应。也许，你恰恰就身处其中。

我们能否重新定义物理学法则?

宇宙为了适合生命存活似乎经过了精细的调节。这是天地设计者或"终极真理"存在的证据吗?**迈克尔·布鲁克斯**（Michael Brooks）探讨了我们应如何改变物理学法则，同时使我们的宇宙仍然适合生存。

假设你去一个乡村大别墅里参观。漫步四周，你发现有一间屋子里放着你心目中理想的阅读椅。然后，你发现椅子旁边的书架上都是你最爱看的书，桌子上放着你最爱喝的威士忌酒。这是一种巧合吗？还是有人知道你要来，然后按照你的喜好布置了房屋？

科学家（尤其是宇宙学家）所问的就是类似的问题。有人指出，宇宙中的某些自然性质特别适宜促进生命体的出现，甚至推动智慧生物的演化。这是一种巧合吗？这是否证明了宇宙的构造就是为了人类的最终出现？还是只是说人类这种生命体更可能出现在这样一种宇宙环境中？

这类问题最早是由宇宙学家布兰登·卡特（Brandon Carter）于1973年提出的。卡特提出了两种"人择原理"。弱人择原理是指我们居住的任何宇宙的性质及其所遵循的法则和包含的内容，或许都受到"有我们存在"这一事实的限制。换句话说，因为我们在这里，宇宙才不得不成为它现在这个样子的。强人择原理则更具争议性，它认为宇宙必须适应生命体发展的需要，并援引了"目的性设计"的思想。

从那以后，科学家们对人择原理产生了兴趣，部分原因是我们在物理学法则和物理学常数方面有了一些有趣的发现。以物理学常数 Ω（奥米伽）为例，这是宇宙的能量密度与临界能量密度的比值。临界能量密度指的是让宇宙从诞生开始膨胀得足够慢以至于引力可以把恒星和行星拉在一起，但又足够快而不至于形成大挤压、杜绝一切生命形成的可能性的能量密度。宇宙真实的能量密度离临界能量密度有多近呢？非常近。在宇宙诞生的初始，偏差只有10的15次方分之一。

还有什么看起来像是被精细调节过的呢？比如氢燃烧成氦的效率，这与原子核中粒子之间吸引力的强度有关。这个数值大概是0.007。如果把这个数提高到0.008，在大爆炸中产生的氢就会在几乎一瞬间转变为氦；而如果降低到0.006，氦可能永远不会产生，也不会点燃恒星，给生命赋予能量。

另外，电磁力和引力相差得很远，这一点似乎也是为了生命存在而精细调节过的。它塑造了原子的特性，而一个轻微的改变都会阻止行星在恒星周围产生，或阻止超新星产生生命所需的碳原子。哪怕中子质量减少百分之一，原子便无法形成。

如此多的巧合使得天文学家弗雷德·霍伊尔（Fred Hoyle）一度提议说整个宇宙像一个"被构建的作品"。这些巧合当然可以用来证明宇宙是由一个"设计者"有意地构建出来以利于产生生命的。但有没有可能，如果没有这样的设计者，宇宙依然可以产生生命呢？

我们正在搜集能给出肯定答案的迹象。例如，密歇根大学安阿伯分校的弗雷德·亚当斯（Fred Adams）于2016年表示，霍伊尔注意到的这些巧合性的事件，如与超新星中碳的产生相关的事件，可以以其他方式发生。对强相互作用力（将原子核中的核子束缚在一起的力）做稍许修正，就能创造出形成碳和其他重元素的条件。这种修正也可能产生其他效应，但这从原理上证明了，你可以改变物理学法则而不妨碍生命的出现。

亚当斯还表示，哪怕引力常数、核反应速率及宇宙学常数（后者决定了宇宙膨胀的速率）只有如今的1/4，仍然可以使恒星形成并燃烧。而在2006年，美国物理学家罗尼·哈尔尼克（Roni Harnik）、格雷厄姆·克里布斯（Graham Kribs）和吉拉德·佩雷斯（Gilad Perez）提出，哪怕一个宇宙完全没有四大基本作用力之一——弱相互作用力，也可以产生生命。

在没有弱相互作用力的宇宙中，恒星仍然可以燃烧几十亿年，而化学和核物理学"本质上没有变化"。有趣的是，他们也发现，改变宇宙学常数确实会影响宇宙产生诸如恒星这样的大型天体的能力。即便如此，加拿大艾伯塔大学的宇宙学家唐·佩奇（Don Page）还是认为，降低宇宙学常数值可能会为生命出现创造更好的条件。

还有另外一种修正的理论：物理学法则也可能随时间变化。根据天文观测，有人指出决定光与物质相互作用方式的精细结构常数在过去可能会有所不同。根据一些理论家的说法，引力的传播速度和光速之比自大爆炸以来也发生了变化。而这可能会为"视界问题"，即关于热量在宇宙早期如何辐射的问题，提供解释。甚至还有人提出，在宇宙的不同地方，物理学法则也会不一样。

对强人择思想最有威胁的想法是，我们的宇宙并不唯一。很多物理学家倾向于相信，促使我们这个宇宙产生的条件也可以使新的宇宙萌芽。这些宇宙中的物理学法则彼此之间都可能存在微小的差别。

这个多重宇宙的想法解决了弦论研究者们所面临的一个主要问题。弦论的方程给出了多重解：无穷多个宇宙，每个宇宙都有不同的物理量。这一开始被认为是弦论的失败，直到斯坦福大学的伦纳德·萨斯坎德（Leonard Susskind）等人开始提倡正面看待这个解的多重性。为什么不能有多重宇宙，每个宇宙都有自己的法则呢？多样化有什么问题呢？萨斯坎德这样问。

最近，大量的物理学家开始聚焦这一观点，即我们居住在众多可能宇宙中的一个，每个宇宙都可能有自己独有的物理学性质。当然，我们只能观测到自己居住的适合生存的这个宇宙。换句话说，人择的想法起源于观测者的选择效应。

这些都好说，但问题是，有没有证据证明多重宇宙确实存在呢？2007年，位于加拿大多伦多的约克大学的宇宙学家们认为，相互撞击的宇宙也许会在对方身上留下印记。这些痕迹可能会以炽热、明亮的光子环的形式存在。在2015年，欧洲空间局普朗克空间望远镜美国数据中心的兰加–拉姆·沙里（Ranga-Ram Chary）在天图上观察到了一组尚未被解释的亮斑。

这并不是结论性的证据，英国达勒姆大学的汤姆·尚克斯（Tom Shanks）也同样未找到结论性的证据。2017年4月，尚克斯和他的团队发表了一篇研究宇宙微波背景反常的文章。宇宙微波背景是一种辐射"海"，形成于大爆炸之后不久，携带着关于早期宇宙状态的大量线索。

宇宙微波背景中的一个"冷斑"引起了尚克斯的兴趣。这个冷斑的温度大概比周围的区域低0.000 15摄氏度。听起来不算多,但已经足以驱使人们去寻找对它的解释。最显而易见的解释是这个区域是一个大"空洞",包含的星系相对稀少。然而,尚克斯及其同事的研究已经排除了这种可能性。他们认为,这说不定是我们的宇宙与另一个宇宙"泡泡"撞击的产物。

所以这些研究将把我们引向何方?如果你相信强人择原理(本质含义是宇宙由神创立,以完美地适应人类的演化),那么你无须改变你的观点。我们这个宇宙的状态确实和目的性设计的假设相吻合,虽然你不得不承认设计者也可以有其他的设计方式。就像造一辆汽车的方法不止一种一样,造一个对生命友好的宇宙的方法也不止一种。如果你更倾向于弱人择原理,你也能自圆其说:宇宙当然会适合所在其中的观测者生活,而另一个宇宙也会适合另一种不同的生命体。

但如果你非要确切地知道万物为什么是它目前这个样子的话,你可能要失望了。也许答案藏在多重宇宙的其他分支中吧。

你离平行世界中的自己有多远？

"那里似乎暗藏着无数个看不见的世界。最终我们将开始了解它们身处何处，以及到达那里需要付出何种代价。"**香农·霍尔说道。**

在这些看不见的世界中，有一些与你外表相同的分身正模仿着你的思想、你的行为，可能不同的只是剪了一个更时髦的发型而已。有的世界里纳粹在"二战"中获胜，有的世界里恐龙仍然存在，有的世界里物体下升上落。他们不在这里，不在这个宇宙中，但他们在那里——在多重宇宙中，与所有可能的世界共存，与无穷多个你共生。

随意徜徉在现代基础物理学中，你就会发现多重宇宙的无处不在。我们最成功的理论——量子力学或宇宙暴胀理论——均得出这一结论：我们的宇宙仅仅是众多宇宙中的一个。"事实证明，很难有一个物理学理论能预言说，除了我们所见的一切以外，别无他物。"迈克斯·泰格马克（Max Tegmark）如是说。

那么，这些和我们相关的看不见的宇宙究竟在何方呢？它们有多少？它们内部发生了什么？未来我们可能去拜访其中一个吗？这样的问题似乎听起来很蠢，特别是在连多重宇宙存在的观测证据都还没有的情况下。然而，多亏了这些新想法，物理学家们开始朝着正确的方向行进。答案不止一个——有很多，取决于你在哪个多重宇宙中徜徉。

要去往这一片混乱的多个世界，得先从我们自己的世界开始。我们所居住的宇宙诞生于138亿年前的大爆炸，在这138亿年里，由于宇宙的膨胀，光走得比你想象的还要远：470亿光年。这是我们所能看到的最远处，因为从更远处发来的光还来不及到达我们。但我们确信，时空可以延伸到更远，也许无穷无尽。

超出宇宙视界的领地则是由一个个我们这样的独立宇宙所拼成的，就好像打满补丁的被子一样。这些宇宙都受到同样的物理学法则的约束。我们至少可以假设：因为这些法则在我们可见范围内是普适的，所以没有理由认为它们一超过这个距离就突然变化。只有在一些细节上会存在真正的差别：如其他地方的智慧生命所在的太阳系可能只有5颗行星，而并非8颗，或是有两个太阳等。

有没有可能，你和另一个你在这些细节上也是完全一样的呢？泰格马克认为这也是完全可能的。假设空间无限延伸，那么就会有无穷多个宇宙，遵循同样物理学法则的事情会不止一次地发生。他甚至计算了你遇到另一个一模一样的你需要走的距离：如果以米为单位的话，这个数字将会是1的后面跟上10^{23}个零。

但是对很多人来说，这还只是第一步。阿兰·古斯（Alan Guth）在1980年提出了比补丁式的多重宇宙论更好的理论。他提出，在宇宙大爆炸后的一秒内，早期宇宙经历了一次惊人的增长，膨胀了10^{25}倍。这个被称为暴胀的指数式膨胀为宇宙学家们所钟爱，因为它解决了大爆炸理论中的几个主要问题。

永恒暴胀属于该理论中的一种，它认为时空永远不断地进行指数式膨胀，但在一些小区域内膨胀会由于量子效应而停止，从而形成一个个泡泡。我们的宇宙在其中一个泡泡中产生，其他地方也是这样。并且这些量子效应如今还一直在持续，无休无止地产生泡泡，每个泡泡中都含有一个宇宙。

每个泡泡产生的具体位置是随机的。想象一个随意摆放着台球的球桌：其中一个台球是我们的宇宙，而其他台球都是与我们相隔时空的其他宇宙。然后请忘掉这个图像，球桌的比喻接下来就不起作用了：你需要想象每个球都像宇宙一样膨胀，随着连接球与球的纤维膨胀，球桌也在不断伸展，还不断地有新的球随机冒出来，这是量子效应在不断地生出新宇宙。那是一场多么可怕的桌球游戏啊！

无论这些泡泡宇宙从哪里蹦出来，它们之中包含着的物理思想可能都是极其疯狂的，这与那些补丁式的宇宙可不一样。2000年，加利福尼亚大学圣巴巴拉分校的约瑟夫·波尔钦斯基（Joseph Polchinski）及他的同事们又在这团混乱中加入了弦论。这一理论使得其他的宇宙和我们的宇宙大相径庭，在其他宇宙中，尽是难以理解的粒子遵循着陌生的物理学法则。"这样的宇宙简直像是服了兴奋剂一样。"亚历山大·维连金（Alexander Vilenkin）说。

究其原因，是弦论这个企图全面描述自然界却未经证实的理论，操纵着10个时空维度，比我们熟知的维度还多出6个。这些额外维度被挤在难以想象的小空间内。在我们的宇宙中，它们形成了一种特定的结构，这种结构决定着我们的粒子性质及物理学法则。但是它们至少还可以形成10^{500}种不同的结构，这意味着这么多个空间可以放得下无数的宇宙，每一个都有着不同的粒子和不同的物理学法则，因此基本上什么事都可能发生。

这些泡泡宇宙可能会变得非常难以捉摸。在那里，光子可能会超过我们这里的光速，而苹果可能会从树枝"下落"到天上。那里也可能会非常不适合我们居住，因为根据德国法兰克福高等研究院的扎比内·霍森菲尔德（Sabine Hossenfelder）的说法，原子的稳定性取决于我们的理论中某种特定的平衡。她说："所以在另一个宇宙中，可能也会有某种类似原子的东西可以保持稳定，但可能跟我们的原子完全不同……也许在那里你很快就会衰变。"

而即使有另外一个适合我们这种生命居住的宇宙，它也可能遥不可及——比补丁式多重宇宙更加遥远。"即使你以光速一直走下去，你也不可能到达那里，因为你需要穿过一个仍然在暴胀、体积发疯般地增长的空间地带。"泰格马克说道。

不过，也许会有一条捷径。至少，曾经有过。2016年，维连金和他的同事们提出，在我们这个宇宙刚诞生时所形成的黑洞的内部，可能会存在其他宇宙。具体想法如下：时空的小区域被转化成不同的量子态，形成小的泡泡。然后，当暴胀结束时，这些泡泡坍缩形成原初黑洞。但是在最大的黑洞中，暴胀仍在持续，产生"婴儿宇宙"。

维连金的理论预言了黑洞的一种特殊分布。如果这种分布和我们刚刚开始着手描绘的我们自己的宇宙中的黑洞分布相自洽的话，我们便可以证明多重宇宙的存在。我们甚至可能发现包含另一个宇宙的原初黑洞的质量应多大，这或许能在茫茫夜空中为我们指引其他宇宙的方向。

也许我们永远无法去拜访它们，但真是这样吗？美国康涅狄格州纽黑文大学的尼科德姆·波普瓦夫斯基（Nikodem Poplawski）及其同事们也认为黑洞内部藏有宇宙，但他们认为这些宇宙可能仍与我们的宇宙相联系。他们试图修改爱因斯坦的广义相对论——相对论认为黑洞中心有一个体积为零，密度和温度都为无穷大的"奇点"。该理论在这方面可以说存在硬伤，连爱因斯坦本人都认为物理现实中根本不该有奇点这种东西的存在。

如果波普瓦夫斯基是正确的话，奇点确实不会存在。根据他的理论，黑洞内部的物质不会坍缩到一个点，而是会撞击到某个障碍然后反弹回来。"但它不能弹出黑洞，这就意味着物质必须建立一个新的空间，"波普瓦夫斯基说，"因此黑洞成了一扇通向新宇宙的门。"

由以上的论述，人们会很自然地想到，也许我们的宇宙也形成于其他宇宙的黑洞当中，该想法给我们这个宇宙的诞生带来了一种迥异的解读方法。"大爆炸被替换成了大反弹。"波普瓦夫斯基说道。这样的宇宙起源论甚至无须引入暴胀的概念就解释了宇宙的膨胀。2016年，波普瓦夫斯基甚至算出了我们的母黑洞大概是太阳质量的10亿倍，这与大多数大质量星系中心的超大质量黑洞相一致。

这并不是说我们的宇宙存在于另一个宇宙里，就像俄罗斯套娃一样。"在某种意义上，这并不是同一个物理空间——更像是平行宇宙。"亚利桑那州立大学的达米安·伊森（Damien Easson）说道，他的观点与维连金相似，"（母宇宙与子宇宙）其实应该是完全不同的宇宙，两者分别占据着多重宇宙中完全不同的两部分"。

然而，你也许可以通过时空中的虫洞走捷径到达。如果我们用桌上的台球来表示这些宇宙的话，它们之间会由看不见的管道连接。它们可能拥有完全不同的尺寸，以不同的速度增长。有的可能会形成更多的黑洞，进而产生更多的宇宙，这些宇宙又通过看不见的管道与它们相连。

无论是补丁式的多重宇宙，还是泡泡式的多重宇宙，这些宇宙总是互相毗邻的——至少是连在一起的，即使物理学法则告诉我们无法从一个宇宙到达另一个宇宙。而另一种多重宇宙就不见得如此了，这就是量子多重宇宙。这些宇宙就叠加在我们所占据的空间中，因此对我们来说既亲近又遥远。

自从20世纪20年代开始，物理学家就对量子力学感到很困惑。量子力学认为一个粒子，比如电子，能同时待在两个地方，直到有人去测量它。在被测量时，电子必须"选择"一种特定的态。可是另一个态呢?

20世纪50年代，当时还是普林斯顿大学研究生的休·埃弗里特（Hugh Everett）提出，所有这些潜在的态都是真实的——它们只是存在于平行的宇宙中。比如，你在进行一项实验以测量电子的路径。在我们这个宇宙中，电子朝着一个方向运动，但测量同时产生了另一个宇宙，在那里电子朝着相反的方向运动。

在量子多重宇宙中，每测量一次就产生一个宇宙，这个宇宙被折叠在我们的宇宙之中，看不见，也摸不着。

这对有些人来说简直太不可思议了。澳大利亚布里斯班格里菲斯大学的迈克尔·霍尔（Michael Hall）说，主要的问题在于怎样才算是一次测量。测量一定得是一个物理学家在做量子实验吗?我们平常所做的每一个决定算不算?埃弗里特的理论没有回答这些问题，所以他的多重宇宙的概念仍是模糊的，我们也没法计算出宇宙总共有多少个。

　　霍尔和他的同事们由于不堪这种不确定性的烦扰，就提出了一个新设想——"相互作用多世界"。与埃弗里特的原始想法不同，这一设想一开始就给出了数量有限的宇宙，它们和我们的宇宙差不多大小，叠加在我们的宇宙之上。这样，量子事件就成了这些宇宙中的粒子相互作用的产物。

　　以量子隧穿为例。量子隧穿指粒子无视通常的物理学束缚，直接穿过一个势垒，仿佛它不存在的现象。如果电子在我们这个世界朝向势垒前进，它可能与平行世界中另一个也朝向同样势垒前进的电子发生相互作用。这两个粒子开始互相排斥，致使其中一个赋予另一个以能量，从而使后者能够完成难以想象的任务：冲破势垒。

　　在霍尔的理论中，电子穿过势垒的概率和标准量子力学所预言的结果存在细微的差别。这是个好消息——在理论方面，这个偏差是可测的，而且能告诉我们有多少个相互平行的宇宙。

　　但即使量子多世界确实以这种方式运行，它如何与宇宙学上的多重宇宙相自洽呢？霍尔认为他的量子多重宇宙和暴胀多重宇宙可以同时存在，但总有一个占上风。他说："本质上只能有一个超级量子多重宇宙。"这是因为暴胀中的时空会通过小的量子效应产生新宇宙，而要是这些效应存在，必须先有一个量子多重宇宙。

　　而有些人认为，如果有不止一种多重宇宙的话，暴胀多重宇宙应该先产生。一旦暴胀的"海洋"开始搅动出新的泡泡状宇宙，有些宇宙就可能会产生黑洞，继而造出新宇宙。这些宇宙也可能会通过每次的量子测量转变成其他的宇宙。"如果这种解释是正确的话，那么永恒暴胀多重宇宙就会不断分裂出暴胀着的新宇宙。"维连金说道。

其实，并不是说这些不同的多重宇宙不能同时存在。有些理论家甚至认为埃弗里特的多世界和暴胀多重宇宙可能其实就是同一个东西。"虽然它们看起来不同，但它们都不断地分裂出新宇宙，而且这么奇怪的性质不是轻而易举就能形成的。"伦纳德·萨斯坎德说。

萨斯坎德认为，也许它们只是一个硬币的两面。如果是这样的话，致力于研究多宇宙的先辈们也许最终会达成共识，即我们只需要一张地图来探路。

你与平行世界中的你有关吗？

　　在开始多重宇宙之旅之前，你也许要先考虑一下你的每一个行为的后果。你的每一个决定都会反映在平行的世界中，影响那里的人们。**罗恩·胡珀**（Rowan Hooper）为量子世界中的道德迷津指明了方向。

　　也许我是个有钱人，也许我是个影星，也许我是世界之王。可也许我是个穷人，也许我无家可归，也许——很多个我已经死去。在这个宇宙中，这些人都不是我，但是在多重宇宙中，也许这些都是我，甚至还有更多的我。我并不是幻想狂，但我确实对"如果……会怎样"这样的问题抱有强烈的好奇心。在量子力学的多世界解释中，我在这个世界中做的每一个决定都会创生新的宇宙：我的每一个可能的选择都占据着一个宇宙。这就是一系列平行的世界：充满无穷多个相似的你我。多重宇宙就是"如果……会怎样"这个问题的无穷无尽的延续。

　　在其中一个世界中，我刚刚写完上述这段话来把这个问题解释得更清楚。但我也很担心，如果多世界解释是正确的（很多物理学家都这么想），我的行为所塑造的就不仅是我自己的生活进程，还有其他世界中的我的生活进程。戴维·多伊奇（David Deutsch）说道："在多世界解释中，当你做出一种选择时，其他可能仍会发生。如果我们的选择有小概率会带来不好的后果，比如有人被杀死，我们就要将其考虑为真实世界中会发生的事实，只不过是在另一个宇宙中。"

我应该对平行世界里为我的行为承担后果的人们感到不安吗？如果我在这里心不在焉地开车，我可能会面临罚款，而另一个我却可能在车祸中丧生。或者更有甚者，我在平行世界里的家庭会毁于一旦。时刻想着我只是多重宇宙中众多罗恩们的一个，我的决定的影响力远远超过我所知道的地方，这可让我怎么活？你们可能会觉得我压根就不该在乎这件事。毕竟，多世界解释认为我永远也不会遇到其他宇宙中的我，那我还担心他们干什么呢？

可是，大多数人都生活在道德规范下，因为我们相信我们的所作所为确实对他人有所影响，即使那些人我们素未谋面。我们担心自己的购物习惯会影响遥远国家中的工人，担心尚未出生的下一代将忍受我们的碳排放。多伊奇指出，既然我们认为谋杀未遂也应承担道德责任，虽然它没有已发生的谋杀那么严重，我们就应该考虑其他世界中的我们。

迈克斯·泰格马克理解我的困境。作为多重宇宙的头号支持者，他对于居于其一之中的意义深思良久。"我感觉我和平行世界中的迈克斯们之间有种亲密感，虽然我从未拜访过他们。他们享有我的价值，我的感受，我的记忆——他们比我的兄弟离我更近。"他说道。

这样的宇宙观使得他很难同情自己：总有另一个迈克斯比他的处境更糟。如果他驾车侥幸躲过了车祸，知道自己处于多重宇宙之中会让他更加严肃地对待这次经历。"我至少可以认真反思所发生的事故，吸取一些教训，以此来悼念那个死去的迈克斯。"

要在以前，泰格马克也只能是个被边缘化的局外人。多重宇宙观点在第一次被休·埃弗里特提出时，并不是很招人待见。埃弗里特好不容易才把它发表出来，可他最终还是离开了他所厌弃的学术界。然而，这个理论优雅地解释了一些令人费解的量子现象，并因此在过去50年里赢得了越来越多物理学家的信服。"多重宇宙物理学和揭示恐龙曾经存在的理论有着类似的实验基础。"多伊奇说道。

但我们也不能不受它的影响。"每次我们做一个概率性的决定，如是否带伞以防下雨时，我们的决定就会导致宇宙分叉。"加利福尼亚大学戴维斯分校的安德烈亚斯·阿尔布雷克特（Andreas Albrecht）解释道。在其中一个宇宙中，我们带了伞，没被淋湿；而在另一个宇宙中，我们没带伞，被淋湿了。宇宙根本上的易变性迫使我们做出这样的选择。"你没有办法躲避。"阿尔布雷克特说。

这是一个重大的认识。我们就像处在哥白尼时代，认识到地球不是宇宙的中心，或是达尔文时代，认识到人类不是独立于其他物种凭空产生的一样。这两次认识都重塑了我们对自己在宇宙中位置的认识、我们的哲学思想以及我们的道德观。而多重宇宙看起来或许就是人类思想的下一个主宰者。

泰格马克在麻省理工学院的同事、物理学家赛思·劳埃德（Seth Lloyd）称："这些世界确实存在于某处，但我们无法到达那里：我想这是一件非常让人吃惊且不同寻常的事情。这真是一种痛苦啊。"我问："为什么呢？难道是因为这更加降低了人类在世界中的地位吗？"他说："不，不是因为那个。我乐于见到人类逐步被边缘化。我原本更喜欢单一宇宙，因为这样似乎显得更加干净利落，但我现在也逐渐开始喜欢多重宇宙的想法了，因为你刚刚指出这就像我们人类走向边缘化的最终步伐。我想这样更好，我很喜欢这样。"

虽然多重宇宙这个概念似乎很令人愉悦，但要让人类弄明白它的深意还是件很头痛的事——对于物理学家也是如此。当泰格马克的妻子在分娩他们的大儿子菲利普时，他发现他总是希望一切顺利。然后他便告诉自己："也许一切都会顺利，但也许会出什么意外，只不过这些结果出现在不同的平行宇宙中。所以希望一切顺利究竟有什么意义呢？"他甚至无法希望顺利分娩的平行宇宙所占的比重稍大一点儿，因为这个比重原则上来说是可以计算的。"因此说'我大概以这个希望值来期待某件事'是没有任何意义的。该发生的总是会发生。"

结果，"希望"倒成了多重宇宙的下一个受害者。你做出一个决定，最终要么会得到"好"的结果，要么发现自己正处于"坏"的那一个分支上。你无法指望自己总是得到好的结果。泰格马克承认这样活着很痛苦。"让你的情感和你所信奉的理论保持一致是很困难的，至少对我来说是这样。没有了希望，我还怎么活下去？"他说。

那么，其他非专业人士是怎么理解多重宇宙的呢？1982年，年仅51岁的休·埃弗里特猝然离世，他十几岁的儿子马克发现了他的遗体。我问马克他父亲的工作对他是否有影响。已是鳗鱼乐队资深主唱的马克说："虽然我认为自己天生是埃弗里特家族中的一员，但我丝毫没有继承父亲的数学天赋，因此这超出了我的理解范围。我怎么会理解多世界呢？现在这个世界就够我应付的了。我只希望其他世界对我来说更容易理解一些。"

我理解他的感受。我想，也许哲学家会为我提供一个更广阔的视角，于是我去找了伦敦国王学院的戴维·帕皮诺（David Papineau）。他说："比如你押了一匹你觉得稳赢的马，但结果它却输了，你输掉了所有的赌注。你会想：'我要是不那么做就好了。'但你却使其他宇宙中那些赢了的人们得到了好处。你只是运气不好，生在了这个让你输了的宇宙中，但你没有做错任何事。所以，不能说你之前的行为就是个错误。"

好吧。如果今天下午我把我和同伴们所有的积蓄都用来赌马，而且我是处在那个"坏"的分支上的话，我怀疑"我没有做错任何事"这句话就无法得到他们的认同了。但这并不是一个明智之举——根据帕皮诺的说法，埃弗里特的解释的一个伟大之处就是：只要你的行为是理性的，事情就不会变得棘手。

帕皮诺说，根据传统的想法，有两种办法可以估算风险。第一，你的选择是否最大限度地顺应了形势？如果我们需要钱，而我的赌注又是合理的，那么可以这么说。第二，情况是否顺利？可能有很多因素会使情况不顺，比如马会摔倒，或者落到了最后，让你大失所望。

让帕皮诺感到很不快的是，这两种"正确"的办法——明智地选择和走运——无法合二为一。"正确的做法有可能得到错误的结果，这在我看来便是传统想法的丑陋的特征。"他说。而在多世界解释中就不会这样。在那里，所有的可能性都会被选择，所有的结果都会发生。没有希望和运气，也没有懊悔。虽然很冷血，这却是一个看问题的完美方式。

这种完美性一直是多重宇宙吸引人的地方之一。在量子力学中，宇宙中的一切物体都可以用波函数描述，比如亚原子粒子如何同时拥有不同的性质。但问题在于，一旦我们测量它们的某种性质，这种不确定性就消失了。对这种现象的最原始的解释——所谓的哥本哈根诠释——认为当我们测量时，波函数便坍缩到其中一种可能性上。

休·埃弗里特称这种把量子世界和我们日常的经典世界强行割裂的做法为"恶魔的行为"，并决定弄清楚如果波函数不坍缩的话会怎么样。数学结果表明，每当我们测量时——或更通俗一点儿说，每当我们在众多可能的结果中做出决定时——宇宙便会分裂。这便是多世界解释。

对理论物理学家唐·佩奇来说，这种完美性是人类远远无法达到的。佩奇既是埃弗里特的忠实粉丝，又是基督教的忠诚信徒。像很多现代物理学家一样，他同意埃弗里特的观点，认为波函数坍缩既复杂又没必要。并且，对于佩奇而言，多世界解释还有一个令他愉快的额外作用，那就是它解释了为什么上帝容许恶魔的存在。

他说："上帝有上帝自己的价值观，上帝想让我们享受生活，但同时也想创造出一个完美的宇宙。"佩奇强调，对上帝来说，完美性比承受痛苦更重要，这就是为什么坏的事情会发生。"上帝不会靠波函数的坍缩来治愈人们的癌症或阻止地震等，因为这样会使宇宙变得不完美。"

对佩奇来说，这就是对恶魔问题的理智而令人满意的解决方案。而且，多世界还可能支持自由意志。佩奇其实不相信我们有自由意志，因为他觉得我们生活在一个上帝决定一切的现实世界中，所以人类不可能有自主行为。但是在多世界解释中所有可能的行为都会实际发生。"这意味着我不会只采取某一种行为。在多重宇宙中，我会采取所有可能的行为。"佩奇说道。

然而，佩奇并不赞同完全把自己的命运交给多重宇宙。有一次赛思·劳埃德花100万美元请他玩量子俄罗斯轮盘赌，这对多重宇宙迷们来说可是个好游戏——你不可能输。佩奇考虑了一下，然后拒绝了：他不愿想象在那个他死去的世界里妻子痛苦的样子。

就像泰格马克一样，佩奇似乎也很看重多重宇宙所提供的前景。佩奇说："我的一个孩子想要一辆摩托车，但我和我妻子都认为这太危险了。我可能会尝试告诉他：好吧，也许大部分时间你都活得好好的，只不过可能有个你，在某些世界的分支中，会因车祸致残……"

当我发现连多世界的专家最后都和那些对它一窍不通的人表现得差不多时，我多少松了一口气。但我也意识到，多世界理论塑造了他们对自己所做决定的思考方式。也许对我们来说，想想我们的行为如何影响"其他的我们"，比考虑风险和回报率这样枯燥的事要自然一些。如果说有谁持反对意见的话，那无疑是戴维·多伊奇，他也许是埃弗里特最铁杆的粉丝。他肯定能回答住在多重宇宙中的意义是什么。他确实给了我答案，但与我期待的不一样。

他说："多重宇宙中的决策论告诉我们，应该更重视那些在较多宇宙中发生的事情，而不要太重视那些在较少宇宙中发生的事情。它还告诉我们，除非有外界环境的影响，否则我们对一件事风险的评估应该和我们在经典宇宙中根据概率的评估是完全一样的。"所以，正确的还是正确的。

那么我对多重宇宙的意义的追求都是徒劳的吗？一点儿也不。一方面，多伊奇的想法可能是错的，这是他接受的一种可能性，虽然他坚信多重宇宙是存在的。另一方面，如果他是对的，他的结论只是巩固了其他人已阐述的道理：在多重宇宙中生存的最好办法是好好想想你在这个宇宙如何生存。

把"如果……会怎样"想象成某种现实情况会帮助我们做到这一点。泰格马克说多世界理论改变了他思考人生的方式。他有时候害怕做某件事，因为感觉太艰巨了。但当他意识到自己身处广大的多重宇宙中时，就觉得不算个事儿了——他立即就会去做。他说："多重宇宙确实让我更幸福了，它给了我抓住机会的勇气。"

我希望多重宇宙也能让我这样。我们可能无法丢弃希望和懊悔，但多重宇宙能让我们正确地看待这些感觉。并且，虽然多重宇宙可能不需要我们去改变道德观，但它能够帮我们更深刻地考虑我们的选择和行为。宇宙的含义比我们所能理解的更为深远，我们自己何尝不是如此呢？

如何玩量子俄罗斯轮盘赌

这相当于扮演薛定谔的猫的角色。你需要一把枪，扳机由某种东西的量子性质控制，如原子的自旋，它有两种可测量态。如果哥本哈根诠释是正确的，你便有50%的生还概率。你玩的次数越多，生存的可能性就越小。

然而，如果多重宇宙是真实的，那么无论你玩多少把，总会有一个宇宙里的你是活着的。而且，由于量子力学中"观测者"具有崇高的地位，你可能总是会活到最后。由于枪每次都打不着你，你可能只是听到一串扣动扳机的声音——然后意识到你是打不死的。但请注意：即使你真的得到一把量子枪，这项最具决定性的实验如何进行也仍一直处在物理学家们的争论当中。

奇点是否存在？

落入黑洞的结局也许不像我们以为的那样。**卡蒂娅·莫斯科维奇**（Katia Moskvitch）发现，如果把量子引力理论应用到这种古怪的物体上，它们中心处粉碎万物的奇点将不复存在，而被类似于通往其他宇宙的入口的东西所取代。这样，一直困扰着黑洞的信息丢失悖论就可以解决了。

虽然短期内谁都不会掉进黑洞，但想象一下如果有人掉进黑洞会怎么样仍不失为一个探究宇宙中一些重大谜团的好办法。最近，这类思考引发了黑洞火墙悖论的问题——黑洞长期以来一直是各种宇宙学谜团的根源。

根据阿尔伯特·爱因斯坦的广义相对论，如果黑洞将你吞噬，你的生存概率是零。你将被黑洞的潮汐力撕成碎片，有人把此过程戏称为"意大利面化"。

最终，你会到达奇点，那里的引力场强到无穷大。在那个地方，你将会被压缩到密度变为无穷大。不幸的是，后面将要发生什么事，甚至连广义相对论都无法计算出来了。"当你到达广义相对论中的奇点时，物理学法则就会失效，也无法再使用方程了。"宾夕法尼亚州立大学的阿沛·阿什特卡（Abhay Ashtekar）说。

当你试图去解释大爆炸时，也会遇到同样的问题，因为大爆炸也被认为是从一个奇点开始的。因此，2006 年，阿什特卡和他的同事们把圈量子引力论应用于宇宙的诞生。圈量子引力论把广义相对论和量子力学结合在一起，并将时空定义成由尺度在 10^{-35} 米量级左右、无法分割的小块组成的一张网。他们的团队发现，在圈量子引力宇宙中，若他们让时间倒退，他们就会到达大爆炸的时间点，但那并不是奇点——相反，他们通过一架"量子桥"到达了另一个更加古老的宇宙。这就是描述我们宇宙起源的"大反弹"理论的基本思想。

2013 年，路易斯安那州立大学的豪尔赫·普林（Jorge Pullin）和乌拉圭共和国大学的鲁道福·甘比尼（Rodolfo Gambini）将圈量子引力论应用到更小的尺度——单个的黑洞上，希望也能消除奇点。为使问题简化，他们把圈量子引力方程应用到一个球对称、非旋转的施瓦西黑洞模型中。

在这个模型中，当你接近黑洞中心时，引力场仍在不断增强。但和之前的模型不同的是，最后不会以到达奇点结束。相反，引力最终会减弱，然后你就像从黑洞的另一头出来一样，要么到达我们宇宙的另一个区域，要么完全进入另一个宇宙。虽然这只是一个黑洞的简单模型，但研究者们——包括阿什特卡——认为，这个理论同样也能排除真实黑洞中奇点的存在。

这就意味着黑洞可以成为通往其他宇宙的出入口。虽然也有其他理论提出了同样的观点，一些科幻作品更是如此，但问题在于由于奇点的存在，没有任何东西可以通过这个出入口。排除奇点的存在还不太可能马上就有实际的用处，但至少可以帮助我们解决黑洞的一个悖论，即信息丢失悖论。

　　黑洞通过吞噬物体吸收信息，但根据理论，黑洞也会随时间不断地蒸发。这就会导致信息永远丢失，而这与量子理论相违背。但如果黑洞没有奇点，信息便不会丢失——它只是穿越到另外一个宇宙中去了而已。

如果时间倒流会怎样？

为什么时间有一个特定的方向？**乔舒亚·索科尔**
（Joshua Sokol）的研究表明，在多重宇宙中，可能会
产生时间方向相反的"口袋宇宙"——其中一个宇宙的
未来可能是另一个宇宙的过去。

别为过去的事情感到遗憾——在它们的发展轨迹上，它们可能也
有值得期待的东西。从我们的视角来看，在一些宇宙中，事情可能是
沿着时间往回发展的。这意味着可能某些世界中的未来对我们来说是
遥远的过去。

这个使人摸不着头脑的想法早就有人提过，而且通常都会有一
些特定的附加条件。现供职于加州理工学院的肖恩·卡罗尔（Sean
Carroll）在 2004 年表明这个想法是可行的，但必须引入极其复杂且不
现实的物理学解释。卡罗尔和宇宙学家阿兰·古斯继而表明在邻近的
宇宙中，时间自发产生于更简单的原理，然后向相反的方向流逝。

古斯和卡罗尔的工作源于一个让物理学家和哲学家都很头疼的问
题：为什么时间箭头仅仅指向一个方向。诚然，我们只能记住过去的
事情，但物理学法则可不管时间如何流逝：一个物理过程若反向进行
的话，仍然符合这些定律。"没有一个很深层面上的原理规定了原因
必须在结果之前。"卡罗尔说。

由于没有其他可以给时间定方向的物理学法则，物理学家们选中了熵——一个衡量混乱程度的物理量。随着熵的增加，时间往前推移。比如，你搅动牛奶使之溶入咖啡中，但你不能再把牛奶分离出来，所以分开的黑咖啡和牛奶总是先出现，它们的混合物后出现。

扩大到整个宇宙，我们同样可以将熵增加的方向定义为时间的方向。通过研究遥远星系的运动，我们可以预测宇宙如何演化。我们也可以将时间回溯到大爆炸的时刻，那时宇宙的熵肯定要低得多。

如果再往前追溯，我们就会遇到一个宇宙学难题。如果大爆炸真的是时间的起点的话，我们便无法再继续前进了。但如果那样的话，为什么那时的熵非常低呢？而如果那不是时间的起点——就像古斯所质疑的那样——那么一个永恒的宇宙是如何到达熵如此低的状态，以至于可以形成时间的箭头？

在一个未发表的模型中，古斯和卡罗尔探讨了后一个问题。他们把一个有限的粒子云团丢入了无限的宇宙中，每个粒子都以随机的速度移动。过了一会儿，时间箭头便自发出现了。

这个随机的初始条件意味着有一半的粒子在一开始往外扩散，使熵增加，而另一半向中心聚拢，使熵减少，然后互相穿过后又向外飞奔。最终整团云膨胀，熵也随之增加。关键是，即使你让每个粒子的初始速度相反，从而掉转时间箭头，粒子最终还是会向外扩张，熵依然会增加。如果在两个方向上熵都增加，那么时间箭头究竟指向何方呢？古斯说："我们称之为双向时间箭头。因为物理规律是不变的，所以在另一个方向上，我们也会看到完全相同的事情。"

这个模型表明，在无限、永恒的空间中，时间箭头会自发产生。

由于这个模型允许熵无限地增加，时间零点仅仅表示熵处在其最低点的那一刻。

这也可以解释为什么大爆炸点，即我们所能看到的最早的时刻，具有如此低的熵。但这也具有欺骗性：如果熵可以无穷大，那相比而言任何东西就都可以具有相对"低"的熵了。

"我和阿兰试图阐明的重点是，这种情况下几乎在宇宙的任何一处你都可以有一个明确的时间箭头，这一点是很自然的。"卡罗尔说。不过他也承认还需要更多的工作来推动这个模型："下面当然就得努力实现它，使它看起来像是我们的宇宙。这可是项艰难的工作。"

如果这个模型和现实相符，它就可以被应用到除了我们自己这个可观测宇宙之外更多的宇宙中去。"它可以用来描述一切存在，即多重宇宙。"古斯说。在他看来，时间箭头可能早在我们的父宇宙或祖父宇宙中就产生了。

根据宇宙暴胀理论，我们的宇宙只是众多宇宙中的一个。真空中随时都会涌现出新生的小宇宙，它们紧挨着我们，却又无法企及。

这也意味着大爆炸发生时其实也就是我们的宇宙从多重宇宙中诞生的时刻，而那时时间箭头已经形成。

和我们的宇宙大约同时形成的平行宇宙，开始时和我们的熵应该也差不多。如果我们可以和那里的人对话，他们在过去和未来的方向上应该会和我们达成共识。

但在我们看来，在我们的时间箭头形成之前诞生的宇宙中，时间可能会完全不同，虽然不会有人注意到这一点。卡罗尔说，虽然这些向后演化的宇宙和我们之间的一些随机的小差别会导致完全不同的命运,但那里的人也有自己的时间箭头,只是"对他们来说,我们生活在过去,而我们和他们的时间方向相反",这种观点显然很难被接受。"我们无法与他们交谈,他们生活在我们的过去。他们也无法与我们讲话,我们也生活在他们的过去。"他说。

这个新模型也有它自身的问题。在它的初始状态,所有粒子的速度都是随机的,由于时间箭头还没有被清楚地定义,所以非常混乱:熵会在某些地方增加,但在另一些地方减少。

要理解夹在两个时间箭头之间的时段是很难的。"这中间的模糊地带也许会变得像怪物一样不可思议。"加州大学戴维斯分校的安德烈亚斯·阿尔布雷克特说。

古斯承认这是它的一个弱点,加上纳入引力等元素时遇到的困难,他说这是他们的工作还没发布的原因之一。古斯说:"我们想要了解得更清楚的是如何描述这个中间地带,但目前物理学的一切结论都来自一个时间箭头被清晰定义的系统,所以需要我们对物理学有更进一步的理解。"

至于该模型如何处理那些熵持续增加的无限宇宙,阿尔布雷克特并不感兴趣。这个模型的关键特点在于解释了为什么大爆炸比现在的熵要低,但是还存在着争议。

"他们创造了一个世界,在那里他们能够很容易地植入他们的一些观点。"阿尔布雷克特说。大多数人所相信的无限宇宙论帮助他们隐藏了模型中的一些重要假设。但阿尔布雷克特喜欢存在两种时间箭头的可能性,在这样的多重宇宙中,遥远的过去同时也是它的遥远的未来。"我完全接受这种两头性。"他说。

存在可解释一切的万物理论吗？

我们的哲学里最美好的梦想只描绘了可观测宇宙的一小部分。而**理查德·韦布**（Richard Webb）却在思考，有一天我们的梦是否会大到包含整个现实世界。

实话说，我们现在以为自己知道的一切，其实近似等于我们尚未发现的东西。这是我们从历史中学到的关于自然界基本理论的一课，它既让人挫败不堪，又使人兴奋不已。以牛顿的万有引力定律为例，它确实在长达200余年的时间里出色地描述了苹果落地和行星轨道等，但最终还是要让位于"更正确"的理论——爱因斯坦的广义相对论。概念严谨而又直观的经典力学也是如此：若深入到亚原子粒子的层次上，它便会深陷量子不确定性的谜团中。

量子理论解释了小尺度物质的运作，而广义相对论描述了宇宙在大尺度上的演化。每种理论在它自己的适用范围内都非常正确，但又都有些疏漏和不自洽性，这使得我们确信可能还有更好的理论。若真的存在一个统一的"万物理论"，它会将我们引向量子理论和相对论都无法奏效的地方，比如黑洞的事件视界之内，或宇宙的太初。

这是件多么令人陶醉的事啊！然而，很多伟大的思想家在追求它时纷纷折戟沉沙。爱因斯坦的垂暮之年也是在对这种终极思想的孤独、无果的探求中度过的。

目前还是没什么进展。弦论诞生了，它用细小、弯曲的弦来代替基本粒子，试图寻求统一。虽饱受其预言无法检验的批评，但它的支持者并没有退缩。诸如圈量子引力论这样的理论也涌现出来，但也没什么突破。

在下一个60年里我们会迎来峰回路转吗？从20世纪60年代起就研究万物理论的伦敦帝国理工学院的迈克·达夫（Mike Duff）出乎意料地给出了一个果断的预测。他说："我通常对于预言都很谨慎，但如果非要预言的话，我会说还得10年以上，但不会超过100年。"

法国艾克斯－马赛大学的卡洛·罗韦利（Carlo Rovelli）是圈量子引力论的领军人物，他也保持着乐观情绪。"我认为，未来60年内将会有人提出一套量子引力理论。"他说。如果这样的话，那将是个开始，而非结束。理论赢得声誉的时间一般会很长，广义相对论中的一些预言，像黑洞以及引力波，直到20世纪60年代才被充分接受。而直到2016年，引力波的存在才最终确定。

统一理论的复杂性在于，它的作用范围的能量非常高，以我们的能力还远远没办法重造出来。即使有可能的实验证据，也只能是间接的，并且不易被察觉，比如大爆炸留下的辐射——宇宙微波背景辐射所留下的痕迹。

罗韦利说，由于类似的原因，统一理论虽不敢说绝对不会产生短期的实用效益，但也希望渺茫。"我目前看不到该理论有任何技术上的应用，但回想起20世纪70年代我开始研究广义相对论的时候，又有谁会想到GPS导航系统的出现呢？"他说。

所以不要指望一下子就有发现——这是一个很长、很慢的过程。

但同时，我们也可以期待一些意想不到的结果出现。当20世纪20年代保罗·狄拉克把量子理论和爱因斯坦的狭义相对论统一起来以全面地描述电子时，他并不知道他的方程预言了另一个几乎一模一样的粒子。而仅仅在几年以后，正电子的发现为我们打开了一个有待我们去深入探索的崭新世界——反物质世界。

一个基于弦论的万物理论或许可能证明多重宇宙或其他宇宙的存在，这极大地拓宽了我们探索的事物的范围。达夫说，这就是追求的乐趣所在。"大多数科学家都想要全面掌控，而理论物理学家仍在试图去理解这个局面。"他说。

第 2 章

如果你已不是你

多重宇宙为我们提供了无穷多个现实，但这并不意味着它们都是超乎想象的异域世界。我们大多数人都曾假想过，如果没有接受自己的第一份工作，或不曾鼓起勇气去和我们现在的伴侣搭讪的话，一切会变得怎样不同。在本章里，我们将追踪11条时间线，去探索如果某一个关键事件不曾发生的话，我们所知的历史的演化方向将如何改变。如果达尔文遵循他父亲的意愿，待在家里当一个牧师的话，我们还会有进化论吗？如果我们没有足够多的化石燃料可供开采的话，我们的文明程度会发展到今天这样吗？

混沌理论告诉我们，若阻止一只蝴蝶扇动翅膀，有可能会避免未来的一场风暴。但人类历史的进程是否可以不受这样的小变化的影响呢？这些可不是无谓的瞎想——通过回答这类问题，我们可以探索一切奥秘，比如我们的科学哲学到底有多脆弱，星系中哪里才是发现智慧生命的最佳地带……

如果没有月球会怎样?

如果没有月球,地球上的生命还能演化吗?若是有两个月球呢?若是月球不自转呢?若地球本身就是个卫星呢?**黑兹尔·缪尔**(Hazel Muir)探究了在 6 种不同的情况下,地球会怎样发展。

在 H. G. 威尔斯(H. G. Wells)的怪诞故事《可显神迹的人》里,一个名叫乔治·福泽林盖的人发现自己具有超自然的能力。在当地牧师的怂恿下,福泽林盖用他的天赋奇迹般地在一夜之间让他的村子大变样,他修缮了房屋,让醉汉改过自新。然后他意识到有一种方法可以使他在日出之前有更多的时间行善,很简单,就是让地球停止转动。

但当他施展法力时,却像打开了地狱的大门。威尔斯写道:"福泽林盖停止了地球的转动后,却并没有对其表面上的可移动的物体定下任何规矩,所有的人、生物、房屋、树木——我们已知世界里的一切——都在强拉猛击之下,最终被毁灭。"

威尔斯喜欢在他的小说里拿行星开玩笑,但这样的幻想不仅仅是为了消遣。在美国缅因大学供职的天体物理学家尼尔·科明斯(Neil Comins)说,威尔斯编出来的这种难以置信的场景值得深究,因为它们让真实世界的运作方式变得更加清楚。在科明斯的著作《如果地球有两个卫星会怎样？》(*What If the Earth Had Two Moons?*)中，他以超现实的手法改变了我们这颗行星，来看看我们的环境究竟会有哪些不同。"思考在这样的情况下会发生什么，可以为我们审视事物真实的样子提供一个更好的视角。"他说。

那么，什么样的奇怪场景会如此剧烈地改变我们的世界，其结果又如何呢？

我们可以先拿月球做试验。月球对我们这个行星有着巨大的影响，尤其是那些月球形成时发生的灾难性事件。目前大家的共识是，在45亿年前，一个叫作"忒伊亚"的如火星一般大小的天体撞上了地球，发散的碎片沿着地球运转，最终聚拢在一起形成了月球，但当时它与地球的距离只有今天的1/10，大概和今天大多数通信卫星的高度相仿。在这个时候，地球大约每8小时左右绕轴自转一周，但地月之间的引力相互作用（包括潮汐效应）使这一速度减慢，一直到我们熟知的24小时一天。

那么如果月球没有形成的话，会怎样呢？地球上唯一的潮汐力将来自太阳，它会把地球上一天的时间从一开始的8小时延长到12个小时。同时你的体重也会变轻：由于地球大约10%的质量被认为是来自它所吸收的忒伊亚的残骸，所以如果没有撞击事件，地球的质量就没有现在这么大，而引力也会相应地变弱。

没有月球，生命也不会如此快地在地球上扎根。初生的月球离地球很近，所以它引起的潮汐比今天大上千倍。如此大的潮汐将会使得海洋浸没大陆，使海水富含矿物质，因而得以造出孵育生命的"原始汤"。科明斯猜测，如果没有月球的话，也许生命最终也会出现，但不会出现能在潮水坑里生活或可以靠月光打猎或行走的动物。另外，如果没有月球的引力来使地球稳定自转，地球也许最终会像天王星那样倒向一边。这样的话，在一年中太阳光直射点会在地球的两极之间来回移动。"这样几乎所有的生物都要在这个世界里大迁徙，生物只能跟着太阳光跑。"科明斯说。

从理论上讲，忒伊亚的冲击也可以撞出不止一个月球。这会带来什么差别吗？很可能不会。即使那些碎片形成了两团物体，引力效应也会让它们撞到一起，而且撞到一起的时间比大约6亿年前地球上出现复杂生命形式的时间要早得多。

让地球在今天拥有第二颗卫星（姑且称为月球二号）的唯一办法是有一对天体溜到了地球附近，其中一个被地球捕获。如果它的大部分动能传给了它的伴星，使伴星迅速飞向太空，它自身就能稳定地待在环绕地球的轨道上。当月球二号及其伴星接近地球时，其引力将会引起灾难，如巨大的海啸和火山爆发。天空将被灰尘笼罩，大量物种会灭绝。但也许就在月球二号与其伴星分离后的几年里，一切都将归于沉寂。

假设月球二号的大小和原来的月球一样，它们的轨道也在相同的平面上，并且运转方向也一致，只是其与地球的距离是原来月球的一半，那么地球上的所有居民就会看到一个比原来的月亮大两倍、亮4倍的月亮，而这颗月亮每10天就会绕地球一周。当两个月亮都是满月的时候，在午夜的月光下看书也都不成问题了。

不过也不都是好消息。月球二号可能会喷出熔岩。来自地球和原来月球的不断变化的引力会搓揉月球二号的内部，使其熔化，并从表面的火山和裂缝中喷出岩浆。科明斯说："那将是多么壮观啊，你还能看到这个月球上由岩浆形成的耀眼的河流。"有些还会由于喷得太快掉到地球上，在晴朗的夜空中来一场流星烟火表演。

这两个月球最终将撞在一起。潮汐力的相互作用使得我们的月球以每年3.8厘米的速度远离地球，而月球二号退得更快，将在其被捕获的15亿年后追上原来的月球。它们惨烈撞击产生的碎片会如雨滴般落在地球上，也许会导致另一次物种大灭绝。

科明斯的另一个构想是月球以相反方向绕着地球运动，而并非和地球自转方向相同。以我们月球原来的形成方式看，这是不可能的。科明斯说，如果忒伊亚有足够的动力使月球向相反方向飞溅的话，在这个过程中它肯定会将地球摧毁。

那么一个朝相反方向绕地球旋转的月球——我们姑且称之为"反月"——要想存在的话，只能是作为一对经过地球的天体中的一个被地球捕获。根据科明斯的说法，这样的可能性很小，但也不是完全没有。假设反月和我们现在的月亮质量相同，轨道距离地球的距离以及绕地周期也都相同，只是方向相反，地球将获得一个较快的自转速度，每12小时自转一周。

这两个天体复杂的引力相互作用会使得反月渐渐地成螺旋式落向地球，它的绕转速度将会越来越快，轨道也可能变得更接近椭圆。同时，地球的自转速度会减慢到零，然后开始反向旋转。

当地球旋转停止的那一刻时，白昼时间会变得像一个地球年那么长，使得处在白天的区域异常炎热，处在晚上的区域异常寒冷。自转速度减慢到零所需的时间会长达10亿年之久，因此动物们有充足的时间演化出迁徙行为,以追随舒适的气候。"在昼夜交界处,太阳就在地平线上,生命也较容易存在。"科明斯说。

除此之外,由于地球反向旋转,太阳将会西升东落。当反月靠近地球时,海岸线将被高达3千米的潮汐袭击。最终,反月离地球实在太近,它会被强大的潮汐力扯碎,崩裂成一圈碎石围绕在离地球4 500千米的上空。其中一些会狠狠地打到地球上,并可能带来大规模的物种灭绝等严重后果。

关于月球的玩笑就开到这吧。那如果地球不是一颗行星,而是一颗卫星,就像电影《阿凡达》中的类地卫星潘多拉星一样,又将如何呢?假设地球在一个类似海王星的行星——海王星二号——的赤道上空的轨道上,它们都绕着垂直于太阳系平面的轴旋转。要使这个卫星地球温暖、宜居的话,这个系统的轨道与太阳的距离应该和现在地球与太阳的距离差不多。

过了几十亿年以后,这个卫星地球的自转将会与它绕海王星二号的公转同步,它将会一直以同一个面朝向海王星二号。如果卫星地球的绕转轨道距离这个行星的中心有30万千米的话,它绕转一周将需要100个小时。从地球上看,海王星二号会非常壮观:它占据全天的9个平方度,相当于满月的18倍大小。

如果你住在朝向海王星二号这一面的中心位置,这个行星就在你头顶正上方。当太阳升起时,它的一半将会被照亮,随着太阳升高,它将缩小成一弯月牙,然后在中午大概两个小时左右的时间里挡住太阳光,形成日食,天空变得漆黑一片,繁星出现。再后来,海王星二号会从另一边以新月的形状开始慢慢变宽,在午夜时分变成满月的形状，以 2 800 倍于月亮光的强度照向地球。在地球的这一面，午夜将比正午更加明亮。"这相当于两个白天。"科明斯说。在靠近和背离海王星二号的两个面上生活的动物们将会体验到不同的昼夜交替规律，也将会有不同的生物钟。

卫星地球的白天和夜晚更为漫长，导致其表面每天的温差是现在地球的两倍左右，生命体必须适应这一点。更糟糕的是，海王星二号上的引力会强烈地吸引小行星和彗星，使地球随时面对来自宇宙中四面八方火力撞击的危险。"海王星二号会把天体碎片扔向地球，这也会对其构成潜在的威胁。"科明斯说。

现在再想象一下，我们不改变月球，也不让地球绕其他行星旋转，而只是将地球的地壳增厚，来改变地表的环境条件。目前地球上陆壳的平均厚度是40千米，洋壳是7千米。如果把平均厚度增加到100千米，我们的世界又将如何呢？如果地球年轻时非常干燥的话，这是可能发生的。

人们认为地球上的大部分水是由冰质的彗星或小行星带来的。这些水使地球地壳和上地幔（合称岩石圈）有了足够的韧性，当热量从地球内部传到岩浆团块时，岩石圈就被推到一边去。"水为地壳的运动提供了润滑作用。"科明斯说。

如果彗星把水带到地球的时间要晚得多的话，地壳就会变得更厚。这是因为随着时间的推移，岩浆团块会堆积在岩石圈下面并凝结。热量会在地球的内部积聚起来直到无法阻挡，导致岩石圈的一部分每隔几千万年熔化一次，使岩浆冲至地表。当这些陆地或海床熔化时，它们会在几百年的时间内将热量释放到太空，然后再凝固。

　　这样的熔化会释放出有毒气体的混合物，毁掉附近的所有地貌特征。"也许方圆数千千米的地方会变得完全无法居住。"科明斯如是说。他的这一结论是基于地壳极为干燥、不含板块的金星模型。"金星已经见证了这些熔化过程，这就是为什么这颗行星上的陨石坑如此之少——它的表面已经完全被重塑了。"他补充说。地球上任何成功的物种都要有能力感知脚下的土地何时将要熔化，然后赶紧逃离，"不然的话，它们就会被消灭得干干净净"。

　　最后，回到威尔斯故事里的那个操纵奇迹的人吧。如果地球突然停止旋转将会怎样呢？当然，地球表面的所有东西都会继续以每小时1 667千米的速度，即赤道上的旋转速度移动。"倘若不以极大的力量拉住的话，地表上的一切都会从平行于地表的方向飞出去。"科明斯说。根据他的计算，在户外的人们会被扔到大约11千米高的高空，然后掉下来，以每小时1 000千米的速度撞到地面上。建筑物会从地基处裂开，海洋也会吞噬陆地。这样的灾难会毁灭地球上所有的生命体。

　　如果地球用长一点儿的时间来慢慢停止自转，比如二三十年，日子可能会好过一些，但那会在海洋上产生一个严重的效应。地球旋转的离心效应使得固态地球在赤道处向外隆起，并使赤道处的海洋向外突出8千米高。如果地球停止旋转，海洋会涌向两极，因为那里的地面离地心更近，表面的引力也会更强一些。

　　加利福尼亚州雷德兰兹大学环境系统研究中心的维托尔德·弗拉切克（Witold Fraczek）对此设想做了模拟，结果显示，一旦地球的角动量减半，海洋便会一分为二，两极各占其一，海岸线大概在北

（南）纬30度。在二者中间，会出现一块巨大的陆地，地上的山峰海拔会高达10千米。而北方的海洋会将加拿大、欧洲及俄罗斯的大部分淹没。

人们是否能在这个新世界中生存下来还是个未知数。弗拉切克认为，很多农田将会消失，赤道周围大部分地方上空的大气层也将会变得太稀薄而不适合人生存。人类也将分成两拨，分别住在北大洋和南大洋的海岸线一带，被中间的山峦所阻隔。

另一重困难将会是炙热的白天和冰冷的夜晚。它们均长达6个月之久，日出而夏，日落而冬。人们可能得生活在黄昏地带，靠不断的迁徙来适应太阳光在地球表面逐渐移动的步伐。

虽然现实中地球不会在短短几十年内停止转动，但它的转速是在逐渐减慢的。在数十亿年后的未来，也许地球上的白天会变得和地球年一样长。威尔斯在他的经典著作《时间机器》里刻画了一幅衰老地球上永恒的落日图，但抛开小说情节，现在预言未来还太过遥远。

如果恐龙没有灭绝会怎样？

若不是小行星的撞击，哺乳动物可能永远都不会有机会逃出恐龙的阴影，也不会繁荣昌盛，**科林·巴拉斯**（Colin Barras）说。但若让它们延续生命的话，恐龙会像人类一样进化出智力吗？

这是所有物种灭绝事件中最著名的一个。大约6 600万年前，一颗小行星撞击了现在的墨西哥湾，导致了除鸟类恐龙以外所有恐龙的灭亡。这场大灾难使得哺乳动物抓住了机会，最终为直立猿的演化铺平了道路。因此，人类的出现至少一部分要归功于这场奇克苏鲁布小行星撞击的影响。但这并没有阻止生物学家们的想象，如果多年前的那块大陨石避开了我们的行星而没有造成任何伤害的话，世界将会变成怎样？

这种思想实验做起来并不是那么容易。科罗拉多大学博尔德分校的道格·罗伯逊（Doug Robertson）说："演化是一个混沌的、非线性的过程，而对混沌系统，我们在本质上是无法预言的。"但演化生物学家们的预言形成了一条谱线，在谱线的一端，预言还是相当可靠的。

比如，假如非鸟类恐龙躲过小行星之灾的话，考虑一下它们在21世纪仍然存活的可能性。化石记载告诉我们，非鸟类恐龙统治生态圈达1 600万年之久。"小行星撞击时，它们还很繁盛，种类也极其多样。"英国爱丁堡大学的史蒂夫·布鲁萨特（Steve Brusatte）说。罗伯逊说，根据这样的记录，若没有小行星撞击的话，非鸟类恐龙直到今天还继续保持繁盛也是非常有可能的。

布鲁萨特同意这样的推断。他说，我们无法忽略的一个事实是，从 6 600 万年前到今天发生了太多的事——全球温度明显下降，地形随着草原的出现发生了剧烈变化，出现了其他环境危机等。但他认为非鸟类恐龙可能有能力应对这些挑战。他说："如果没有小行星撞击，非鸟类恐龙可能在今天依然存在，而且可能种类异常繁多。"

另一个较为可靠的预言关乎人类如何在各种非鸟类恐龙存在的世界里进化。我们那长着长毛的祖先在恐龙主宰的世界里也一定能活下来——化石记录显示，在小行星撞击之前很久，哺乳动物就已经很繁盛了，种类也很多。但只要有恐龙在，哺乳动物的个头就不会很大。如果恐龙没有消失的话，哺乳动物可能今天依然会很小。

"如果没有灭绝事件，我认为在 6 600 万年前之后的几百万年里，很可能不会有大型的哺乳动物出现。"华盛顿史密森尼学会的汉斯–迪特尔·休斯（Hans-Dieter Sues）说。他认为，灵长类仍然会出现，但大部分身材都很小，而大型的猿类不太可能存活。于是，在这种情况下可能不会有人类。

但恐龙主宰的世界也不见得没有超智慧的生命存在的可能。在预言谱线的不可靠的一端，有人提出，有些非鸟类恐龙可能和我们一样会发展出智力。

这种想法也不完全是不着边际。比如，化石揭示了一些非鸟类恐龙解剖结构中有趣的进化趋势。"最新的'模型'在诸如脑容量、多样性、四肢长度以及其他很多方面都表现得更为先进。"加拿大艾伯塔大学的菲利普·柯里（Philip Currie）说。

在20世纪80年代，一位名叫戴尔·拉塞尔（Dale Russell）的古生物学家致力于研究一种小型食肉恐龙，该恐龙在小行星撞击之前住在今天的北美洲。拉塞尔注意到，这种被称为伤齿龙的恐龙的大脑与其身体相比异常之大。这当然称不上高级智力——大概也就和普通鸟类差不多，但在非鸟类恐龙中已经算是鹤立鸡群了。

拉塞尔的计算表明，如果伤齿龙这一世系能得以延续，并演化出更大的脑容量，到今天它的脑容量可能会和直立人这样的早期人类可以相提并论。

拉塞尔的观点后来变得声名狼藉，不完全是因为他提出非鸟类恐龙可能会变得聪明。他的观点的争议性与他想象的伤齿龙为支撑大脑而演化的解剖学结构有关。他推测伤齿龙会发展出一种更直立的姿势来支撑它不断增长的头骨，这样的话它便不再需要一条长尾巴来保持平衡了。在拉塞尔的思想实验里，尾巴这一身体特征逐渐退化直至消失。在小行星撞击之前，伤齿龙就有了未发育完全的双手，拇指与其他手指相对。拉塞尔认为，这双手会逐渐演化，以方便操纵小物体。换句话说，伤齿龙的超智慧后代——拉塞尔称之为"恐人"，可能与人类长得非常相像。

不难想象，拉塞尔的恐人会发展出像我们一样的社会和文化：核能、计算机、太空旅行，甚至还有更多，看起来它们都可以办得到。但这是因为恐人本质上就是人类，虽然披着恐龙的外皮。拉塞尔这个思想实验等价地认为智慧动物的体形会很自然地趋向于人形，而其他研究者却向其泼了冷水。

马里兰大学的托马斯·霍尔茨（Thomas Holtz）说："智慧型恐龙会长得像人类一样，这是不可能的。我们人类的解剖学结构是相当奇特的，没有理由认为拥有较大大脑的生物就一定要有类人的体形。"

英国南安普敦大学的达伦·奈什（Darren Naish）对智慧型恐龙的话题有着超乎常人的思考。他认为几乎没有化石证据表明非鸟类恐龙真的在向和人类一样的智力演化。但如果有一个或几个世系最终演化出超级智慧，奈什认为它们很可能会保留它们史前祖先的特征：身体水平，长着长尾巴，覆盖着浓密的羽毛。"另外值得注意的是，恐龙确实已演化出了和灵长类一样的智力。鹦鹉和乌鸦就属于这个水平。"奈什说。

这使我们更难想象智慧型恐龙能够取得与我们人类相同的技术突破。设想某种动物结合了人类的智慧和凶猛食肉恐龙的体格，这实在太怪异了。但我们更有把握的是，在多重宇宙中的某个地方，一只智慧型恐龙或许正在想：如果是小小的、毛茸茸的哺乳动物统治着地球的话，世界会是什么样子？

如果没有我们，地球将会怎样？

在智人出现之前，地球是什么样子？如果我们从未遍布全球，它还会是这样吗？**克里斯托弗·肯普**（Christopher Kemp）将时间"倒带"，把我们的祖先"抹去"，然后再重新"点击播放"。

想象一下将地球历史的最后12.5万年存在一盘老式磁带上。每过一秒，磁带就会慢慢地从一个盘上解开，然后缠到另一个盘上。现在假设我们可以让磁带停止、进行调节，并且反向转动。这就是倒带。慢慢地，随着磁盘的旋转，我们的存在将被抹去。

在这个过程中，每过一分钟，便会有10个足球场那么大的天然森林和疏林恢复原貌。起初，每年将会有比丹麦面积还要大的地域被重新绿化，只要150年的时间，就可以恢复大部分失去的绿地。同时，城市则像退潮般隐去。超级大都市缩小成一般城市，进而缩成城镇和乡村，重新出现了大片绿色的未开发土地。世界上的河流变得畅通，海底的残骸和缠结的电缆都被清理干净，臭氧层也得到恢复。估计将有1 080亿人的遗骸从地面上被清除掉，化石燃料、宝石和金属，以及其他被开采的材料都回归原位，而像碳和二氧化硫等大气中成吨的污染物也会被吸走。

最终，我们到达了一个似乎离我们无比遥远的时间点：12.5万年前。从地质学的角度看，它可能和昨天没什么两样，但这其中的时间跨度代表了现代人类生存的全部。通过将磁带倒到此处，我们抹去了人类对地球的几乎所有影响。这样的地球是什么样呢？

12.5万年前，地球正处于埃米亚间冰期——一个长达15 000年，被夹在两个时间更长、温度更低的冰期之间的相对温暖的阶段。突然间它变成了一个温暖、绿色的世界。在北半球，大陆冰盖已从欧洲南部的德国和北美洲的伊利诺伊撤退。"那个时候比现在要稍微暖和些，海平面的最高点也可能要稍微高些。"美国自然历史博物馆人类学展厅负责人伊恩·塔特索尔（Ian Tattersall）说。

这个温暖而稳定的气候的受益者之一便是智人。我们这个物种最早在约20万年前出现在东非；到12.5万年前，智人的人口数量大约在1万~10万之间，在捕捉猎物、被当作猎物捕捉以及初次尝试离家迁徙等活动中繁衍生息。但我们并不孤独。早期人类进化专家塔特索尔说："至少有三支原始人类世系，有非洲的智人，后来灭绝了的东亚的直立人，还有欧洲的尼安德特人。"

也还有其他我们一无所知或仅仅一知半解的人种，在别的地方艰难生存。塔特索尔说："谁知道非洲发生了什么呢？在非洲有些原始人长得不太像现代智人。"同时，世界上还遍布着大型动物——海洋里的鲸，陆地上的巨大草食动物群等。瑞士日内瓦大学环境科学研究所的环境历史学家杰德·卡普兰（Jed Kaplan）说："如果你能穿越到那个世界的话，我想你马上会看到一群群的巨型动物，你会发现所有这些成群的大动物在世界各地漫游。北冰洋会有长着长毛的猛犸象。你肯定会看到像野牛一样的东西，还有生活在欧洲的大型猫科动物，美洲的马，很多的熊、狼，以及各种各样的食草动物。"

但是后来，一切毫无征兆地改变了。更确切地说，首先改变的是人类，然后是整个世界。"10万年前，人类开始表现出现代人的特征，这时麻烦真正开始了。而在这之后，人类开始走向自然的对立面，开始了我们今天所熟知的这些'恶作剧'。"塔特索尔说。

哪怕只是塔特索尔所说的"恶作剧"的一部分，看起来都足够让人警醒。公元前2000年左右，世界上已有数以千万计的人口。到公元1700年，人口达到将近6亿，现在已经略超过70亿，并以大约每天22万的速度增长。这还只是人类的数量。根据联合国粮食及农业组织（FAO）的统计，全球共有14亿头牛，大约各10亿头猪和羊，190亿只鸡，几乎达到平均每人3只鸡。

与这些数字对应，我们所消耗的能量也是前所未有的。仅仅在20世纪，能量的消耗量就增加了16倍。根据2009年《国际石油、天然气与煤炭技术杂志》上的一篇文章，自1870年以来，全球估计开采石油9 440亿桶（约1 350亿吨）。而仅在2011年，美国开采的煤炭就超过10亿吨，而中国是其3倍。

我们也以数不尽的方式改变了地表景观。农业和火的使用结合在一起，驯化并塑造了全球各地的环境。在很多地方，天然植被已被农地所取代。地球表面的30%~50%被人类以这样或那样的方式利用，世界上超过一半的淡水正在被我们利用。

尤其有一点，稻米生产已经压垮了整个生态系统。马里兰大学环境学家厄尔·埃利斯（Erle Ellis）说："人类建造出了小型水坝，改变了整个流域的泥沙运动，为的是在各处创造湿地来种植水稻。而这使很多地方夷为平地，真是巨大的变化啊。"

在现代社会中，我们已经没有多少看起来没有被人类破坏的地方了。卡普兰说："特别是在欧洲，几乎没什么自然景观真正地被保留下来。你很少能在森林中发现倒在地上的枯树，少得简直让人难以置信。"

自从现代人类开始与自然抗争起，他们像风中的种子一样迁徙并散落各地。他们在12.5万年前定居近东，5万年前定居南亚，4.3万年前定居欧洲，4万年前定居澳洲，在3万年前到1.5万年前之间定居美洲。最后一个可居住的重要陆块是新西兰，在700年前被人类占据了。

无论人类走到哪里，动物都被带向他们所去的地方。有些是人类有意为之（如狗、猫和猪），而有些是不小心带去的（如老鼠等）。埃利斯说，向一个已达到精妙平衡的生态系统引进非本土物种，会造成不可逆的影响，特别是老鼠。"它们的影响是巨大的。任何把巢筑在地面上或老鼠能到达的地方的动物，都会成为它们的口中食。"

当然，我们自己也是高效的杀手。我们知道很多物种都被猎杀或迫害，直至消失在我们的记忆中。最著名的当然是渡渡鸟（最后一次被确认存活是在1662年）。已灭绝的还有斯特勒海牛（1768年）、蓝羚羊（1800年）、毛里求斯蓝鸠（1826年）、大海雀（1852年）、海貂（1860年）、马尔维纳斯群岛胡狼（1876年）、候鸽（1914年）以及加勒比僧海豹（1952年）。还有更多的物种从我们眼皮底下消失。人类进军全球，而随之而来的是一次又一次的巨型动物灭绝。虽然原因仍有争论，但我们已受到了很多指责。"我真的认为在这些巨型动物被逼向灭亡的过程中，人类有着不可推卸的责任。"卡普兰说。

有例为证。1.5万年前,人类从西伯利亚来到北美洲。"那里发生了一场史无前例的灭绝。一般只有新物种入侵才能办到。这个新物种就是人类。"弗吉尼亚大学气候学家比尔·拉迪曼(Bill Ruddiman)说。

"在美国西部的那些平原上,原本有着比今天的塞伦盖蒂平原更为丰富的物种,那曾经是个神奇的地方。除了猛犸象和乳齿象以外,还有剑齿虎、马、骆驼以及巨大的地懒等——所有这些动物都在很短的时间内就灭绝了。这方面的最好的数据表明这次灭绝发生在1.5万年前。"拉迪曼说。今天,这块土地极为开阔,但里面几乎空空如也——与12.5万年前的样子相比,美国西部已经面目全非了。

大型动物物种由于人类而消失,这对地球景观的影响几乎无处不在。卡普兰说:"这些大群的食草、食嫩叶和食肉动物让土地保持部分开阔的状态。我们要记住,景观也是由动物塑造的。这些野牛群会践踏小树而使景观显得更开阔,这固然不会像会使用火的人影响那么严重,但肯定还是有影响的。"

人类也掏空了海洋。根据2010年的一份报告,现在英国的捕鱼船队要想捞上与19世纪80年代时相同数目的鱼,其工作难度要增大17倍。联合国粮食及农业组织估计,世界上超过半数的沿海渔业都被过度开发。

对鲸的捕捞也使海洋变得面目全非。20世纪,好几个鲸物种被捕杀以至濒临灭绝,它们的数量到现在也没有恢复。一项发表于《科学》但有争议的研究声称,捕鲸前鲸的数量比我们之前想象的还要多。座头鲸一度曾经有150万头,而不是国际捕鲸委员会所估计的10

万头。对于小须鲸、弓头鲸和抹香鲸，情况也是如此。

我们还改变了气候。2013 年，大气中二氧化碳含量在百万年来首次超过 0.04%。12.5 万年前，该含量是 0.027 5%。这一增长部分是由于化石燃料的燃烧，部分也来自我们对森林的掠夺。百万年来，这些森林一直都扮演着几乎无限大的碳容纳箱的角色。

气候的影响也波及了地球上的冰层。全世界范围内的冰川都在缩减，有些地方已经完全消失。位于科罗拉多大学博尔德分校的美国国家冰雪数据中心保存了全世界 13 万座冰川的资料。有些冰川在增大，但更多的是在缩小。在全世界范围内，二者的比例保守估计是 1∶10。蒙大拿州的冰川国家公园在 1910 年建立之时，估计有 150 座冰川，而现在只有大约 30 座，并且都在缩小。2009 年，玻利维亚的恰卡塔雅冰川——曾经拥有世界上最高的滑雪电缆车——消失了。极地冰层也正在破裂，崩解出城市大小的冰块并融入海洋。2013 年，南极洲松岛冰川的 30 千米长的裂缝造就了一座纽约大小的冰山。

将时间往回倒带，几乎所有人类对地球的影响都不见了。现在，我们来做另外一件事，就当开个玩笑吧：我们把智人抹掉。想象在 12.5 万年前，位于东非的一小群人类祖先因一场灾难而灭绝了，也许是致命的病毒，也许是自然灾害等。

现在我们再让“磁带”往前播放。如果现代人类从未出现的话，今天的世界会变成什么样？在某些方面答案是显然的：和 12.5 万年前的样子差不太多。英国莱斯特大学的地质学家简·扎拉西维茨（Jan Zalasiewicz）说：“地球将拥有一个连续的生物圈，也就是遍布全球的森林、稀树草原等，这是我们现在几乎无法想象的。没有马路，没有农田，没有城市。没有那些东西。"陆地上将布满大型动物，而海洋里将遍布着鲸类和鱼类。

但这种状态不会维持太久，拉迪曼说。如果人类在12.5万年前灭绝，地球会进入另一个冰期。冰川会增长，并向外扩张。这种想法颇有争议，也曾让拉迪曼饱受批评。但在距离他第一次提出该想法已超过10年之久的现在，很多气候学家都表示同意。

他说："如果抹去了人类的影响，北极圈附近的海冰和冻土带面积将会大得多，北方的森林面积将减少。而尤为显著的是，在很多北方地区（如北落基山脉、加拿大群岛，以及北西伯利亚的部分地区），冰盖面积将会增长，这是冰期的早期阶段。这种变化是最显著的。"

不过也说不定。也许没有我们，其他人类物种——尼安德特人、直立人或一些目前还未发现的人种中的某一支会变得繁盛起来，并塑造这个世界。不过，塔特索尔对此表示怀疑："他们会用和我们一样的方式建立他们的社会吗？他们会不会变成另一类智人？或者说，出现我们智人这样的角色是不可避免的结果吗？我觉得不是。"

但是又有另外一种观点，与之形成了鲜明的对比。

科罗拉多州丹佛自然科学博物馆馆长、天体生物学家戴维·格林斯庞（David Grinspoon）说："有一种说法叫作趋同进化，就是说，如果我们不来做这些事情，也会有其他人来做。对于其他物种来说，也会有同样的自然选择压力倾向于让它们发展到我们这种程度，包括更大的脑容量、语言、象征性思维和农业发展等。如果真的只是智人灭绝了，但总体的生态仍然相同的话，类似的事情也许会发生，但不可能完全相同，因为这其中充满了随机性，而且可能需要更长的时间。"

　　简而言之，该发生的必会发生。也许现在的地球以及我们在地球中的地位是不可避免的。如果把智人从进化方程式中去掉，还原地球上的森林，恢复大型动物的数量，也许在10万年以后，我们的最伟大的成就、我们的进步和我们的错误——或者至少类似的东西——最终仍然会出现。"我希望我有一个水晶球，或其他可以预知宇宙的东西。我很乐于知道这一切。"格林斯庞说。

电动机会成为工业革命的动力吗？

乡村教堂，乡村绿地，还有乡村发电厂？如果电动机在蒸汽时代前出现，那将会如何呢？**A. 鲍登·范里佩尔（A. Bowdoin Van Riper）**在思考这个问题。

18世纪的科学家们把电和磁看成是两种物质，两种"不可压缩流体"，其粒子由于太小而无法被常规的仪器探测到。在他们看来，这两种流体是截然不同的。就像水无法变成酒一样，电是无法变成磁的（当然，若有神的帮助，则另当别论）。

英国化学家、物理学家迈克尔·法拉第却不这么认为。早在19世纪20年代，汉斯·克里斯蒂安·奥斯特和安德烈-玛丽·安培就表明通过导线的电流会在导线附近产生磁场。在他们的工作基础之上，1831年法拉第证明反过来也可以：使导线在磁场中穿行可以在导线中产生电流。法拉第得出了革命性的结论：电和磁是同一现象的不同表现形式，也意识到了它们在技术上的应用。电生磁成了电动机的工作基础，而磁生电则成了发电机的工作基础。

法拉第之所以取得概念上的突破，原因是显而易见的。一方面是电池的发明，它提供了稳定的电流。另一方面是浪漫主义运动，它促进了一种整体观，鼓励科学家们寻找看似离散的现象之间的联系。然而，现在我们假设类似的前提条件在一个世纪前就已经具备。如果某个生于启蒙时代、戴着假发的"法拉第"取得了重大突破，那会怎样？如果电动机和发电机在工业革命之前就已经有了，那又会怎样？

在这样一条时间线里，第一台电动机可能在18世纪40年代就已走向市场——那时候，尚为新事物的蒸汽发动机还只能用来给矿坑排水等小活儿。这样，潜在用户评价电动机时所对比的不是蒸汽发动机，而是用了几百年的能源：用来干重活的风力、水力，以及干其他活的人力或畜力。和人畜力相比，电动机的优势非常明显——体积小，无噪声，不需要食物和水，不需要休息，并且能连续稳定工作数小时。在18世纪40年代及以后的几十年里，蒸汽发动机一直没有以上的优点，而且价格还很高。因此，电动机会比蒸汽机在更大范围内被更迅速地应用。

18世纪40年代，电动机由于小巧又安静，足以在中等规模的厂房里使用，因此得到了广泛的使用。在纺织工业，它们的旋转轴可以驱动纺车轮、纱线卷绕机和针织机。在其他行业，它们可以给铁匠的鼓风机、橱柜制造商的钻头、陶器制造商的转盘或绳索制造商的捻麻曲柄提供动力。人们已经掌握了驱动发电机为电动机提供动力的手段：水车或风车。可以推动轻型发电机转轴快速转动的发电厂，与让一块大石头慢慢转动的传统磨坊，前者与后者的主要区别仅仅在于不同的齿轮比。在找到新的齿轮比之后，有经验的磨坊工就可以照搬过去的经验。这样哪怕只有一个发电厂，一旦运行起来，也可以为许多把车间建在附近或搬到附近的客户提供服务。

以蒸汽驱动的工业革命实际发生在18世纪的后30年，蒸汽机逐渐被集中使用。即使是当时最先进的蒸汽机也极为庞大、昂贵和耗费燃料，为了有效地使用它们，我们需要建造大型工厂。电力工业革命若在18世纪后期发生，根据其先天特点，至少首先它会是分散式的。小型、廉价的电动机可以很容易地集成到现有的车间中。更大的工厂也无疑会效仿，但那只是一种可能性，而不是技术和经济上的必然。

　　基于电力而非蒸汽动力的工业革命产生的效果不仅体现在厂房里。在我们的世界中，配电系统在天然气分配系统后发展出来，并且模仿了后者。大型中央工厂提供电力，然后通过导线构成的分支网络配送到家庭和企业。然而，若18世纪中期电力就广泛使用的话，就没有以上范例可供模仿了。

　　那样的话，供电可能更像供热一样，住在乡下的人会自给自足（比如用水车、风车或小型锅炉加涡轮的装置来发电），而城里的人会像对待煤炭供应商那样，从几个互相竞争的邻近供应商中选择一个。小的区域性网点可能会成为主流，而覆盖整个城市的大型网点则变得罕见了。

　　电力工业革命会产生深远的长期效应。有了电动地铁和电车的驱动，世界主要城市的横向连通和郊区的兴起会开始得更早，并可能比我们现在的世界发展得更远。电灯的普及以及家用电器的应用也会早早开始了。作为个人运输工具的电动汽车将在内燃机发明之前繁荣发展，甚至可能演变成一项成熟的技术，而煤气灯和煤气灶可能会胎死腹中。如果现有的电气系统能完成这项工作，为什么要建造昂贵且存在潜在爆炸性危险的煤气厂和煤气管道呢？在像1906年旧金山大地震那样的灾难性破坏发生时，没有铺设气体管道网络的城市不会那样容易发生火灾。而没有全城规模的大型电网，也就不会导致大规模的电力中断。

这样的世界会更好吗？倒也不见得，但这是一次令人向往的工业革命，它不以烟尘、污垢和蒸汽动力的嘶嘶声为标志，而是以电动机安静的旋转和纯净而明亮的灯光为标志。

一个没有化石燃料的世界会是什么样？

我们先进的文明建立在较容易开采的煤、石油和天然气上。而**迈克尔·勒佩奇**（Michael Le Page）研究了另一段值得我们所有人借鉴的历史。

你手中拿着的这本书可能来自一棵树。这棵树被燃油的锯砍倒后，被装在一辆柴油动力卡车上，运往造纸厂。你也可能在平板电脑上读着这些句子，电脑中的塑料部件由原油制成，而金属部件则由焦炭冶炼而成。不管哪种方式，照亮这些词句以供阅读的能源很可能是来自燃煤电站的电力。也许你还在呷着葡萄酒，用天然气制成的肥料所种植的葡萄酿成此酒，装在一只在燃油炉中烧制成的玻璃杯中。

这样的例子还有很多。这说明我们的文明是建立在化石燃料基础上的。我们依赖它们，不仅靠它们提供能源，还要靠它们提供各种原材料，甚至是我们吃的食物。没有这些，生活就变得不太容易了。

但是，如果地球上没有化石燃料，或者没有容易被开采的化石燃料，会怎么样？历史会走上不同的道路吗？工业革命又将如何？现代文明还会存在吗？为了解决这些问题，我们必须踏上一次旅程，它将把我们从中世纪带到一个反直觉又似曾相识的世界。这是一个迷人的思想实验，对我们自己的星球以及外星文明的未来都有影响。

很久以前，我们对化石燃料不太感兴趣。在早期文明中，当它们极易得到时，人们才会有时使用它们，但不会赖以为生。在所有用途中，木柴或木炭都更具优势。而在中世纪的欧洲，只有英国才大面积使用煤矿。为什么呢？瑞士圣加仑大学的历史学家罗尔夫·西费尔（Rolf Sieferle）说，与地理位置有关。

在13世纪，水上运输很便宜。将木材顺流而下几乎不费吹灰之力，一匹马就可以拉动50吨重的驳船。陆上运输就困难多了：一匹马只能拉一两吨重的东西；如果要运木材的话，费用一下就上去了。这对英国来说是个坏消息，因为英国缺少像欧洲大陆那样的可通航的大河。只有英格兰北部泰恩河旁边有大量露头煤，这些煤可以装载到船只上，沿着河流和海洋向南运到伦敦。

煤一度被认为是一种又脏又臭，对人们的健康有害的燃料。但在英国，它比木材便宜，并且因为可以在诸多方面代替木材（如将石灰制成砂浆、烧砖、给房屋取暖等）而流行起来。但在一个关键的方面原煤还是逊于木材——煤对于熔炼铜矿或铁矿毫无用处，因为煤中的杂质会使金属的强度降低，所以冶炼厂只能依靠木炭，英国杜伦大学研究早期冶金学的本杰明·罗伯茨（Benjamin Roberts）如是说。

后来，在17世纪，英国发明家休·普拉特（Hugh Plat）提出煤可以通过"焦化"来净化。1642年，啤酒酿造者们开始使用焦炭制作麦芽，实现了新的浅度烘焙，生产出了第一批淡啤酒。1709年，亚伯拉罕·达比（Abraham Darby）开始使用焦炭来冶炼铁矿石，从而结束了对木炭的依赖。一些人认为，这是引发18世纪工业革命的关键创新，它提供了大量廉价的铁，带来了很多其他的新发明，比如铁路。

那么问题来了：仅靠木材的话，能引发工业革命吗？

在18世纪之前，能量的主要来源是被植物捕获的太阳能，即生物量。拉犁或拖运所需的能量来自动物或工人消耗的食物，烹饪、取暖和工业的热量主要来自木材。从羊毛、棉花到造房造船的木材，植物也是许多原材料的最终来源。如果不燃烧木头或木炭的话，像水泥、钢铁等其他材料便无从制备。这意味着，随着人口的增长和能源使用的增加，土地面积会成为一个限制因素。这一切带来的负面影响就是：如果更多的木材被用来燃烧，那么建筑和造船可用的材料就更少了。而如果种植更多的树，种粮食的土地也就变少了。

有许多措施可以缓解这些限制，如采用矮林作业等更先进的种植办法，或与邻国进行贸易，甚至是以武力夺取土地。但随着经济的发展，很快又会达到新的极限。"在一个地方的扩张就意味着在另一个地方的缩减。"剑桥大学历史学家托尼·里格利（Tony Wrigley）说。

然而，利用煤炭，我们就可以获得比所有大陆都大的虚拟森林，那可是植物数百万年以来积累的结果。这虽然是一个有限的资源，但它的体量非常庞大，我们还没有用尽它。

在没有大片森林的情况下，煤炭能够使英国以较低的成本生产钢铁。铁制农具提高了生产率，而铁路使食物及其他商品的运输变得更加廉价。里格利说："这里存在一种正反馈，每一个进步都使下一个进步发生的可能性更大。"

煤炭有多重要呢？19世纪20年代，若要用木材来取代英国所有的煤炭，需要的土地面积比英国全国都大。"很难想象一次与'工业革命'等量齐观的发展是以木炭为基础的。"西费尔在他的《地下森林：能源系统与工业革命》一书中写道。

如果我们没有煤炭或其他化石燃料的话会怎样？西费尔说，到了19世纪，有限的土地面积对种植的限制就开始显现出来了。他说："早期文明在快速进步之后总是会崩盘。欧洲没有崩盘，因为我们有化石燃料。"

显然，没有化石燃料的世界无法长远发展，除非有一种不依赖于生物量的能源。当然，还有许多其他的潜在能源。但关键问题是没有先进的技术，这些能源还可以被利用吗？

我们可以先排除核能和太阳能光伏发电。相比之下，太阳能热发电很容易被用来加热空气或水，只需要使用一些黑色的管道。反射镜阵列可以聚焦足够的热量来熔化金属。但即使在今天，在工业规模上开发这种能量也是一个巨大的难题。在一个没有化石燃料的世界里，太阳能可能被用来烹饪或给家庭供暖，以及把水加热，但作为工业能源，它也许无能为力。

剩下的便是风能和水能。19世纪前，在海上，风能推动着大部分的贸易和勘探任务；而在陆地上，风车和水车已被使用了至少2 000年。在中世纪的欧洲，相关技术达到了一个新高度。1600年左右，风车和水车被用来磨谷物、锯木材、钻管道、抛光玻璃、钻孔、榨油、磨碎石头、抽出矿井中的水等。一些人认为，正是这些风力或水力作坊奠定起了工业革命的基础。

在工业革命期间，水力继续推动着工厂的发展。《比一百个人还强：垂直水轮的历史》一书的作者、密歇根理工大学特里·雷诺兹（Terry Reynolds）说："在英国工厂，直到1820年，燃煤蒸汽机才取代了水力作为机械动力的主要来源。在美国，大概到1870年还是如此。"

工厂转而使用煤炭，一部分的原因是水力资源已经被它们过度利用。大多数工厂不得不建在港口或可通航的河流旁，而那里的水力资源是有限的。雷诺兹说："18世纪末期，在英国，一些溪流被大坝堵住了，因此提供不了更多的动力。较远的山上倒是有大量未开发的水力资源，但当时人们没有办法把能源运送到需要的地方。"

在我们这个世界里，有两种技术改变了这一状况。首先，像迈克尔·法拉第这样的先驱者研究出了将机械动能转化成电能的方法。然后，在19世纪后期，工程师们研究出远距离输电的方法。"电能传输使水力发电成为现代社会能源结构的重要贡献者。"雷诺兹说。

那么，若依靠水力发电而不是化石燃料建立文明的话，我们似乎显然需要发展水电工程。这是可行的吗？西费尔认为，在没有化石燃料的情况下，西欧的技术会发展到1800年左右的水平，这正是法拉第和汉弗莱·戴维（Humphrey Davy）等创新者开发现代电气技术的根基的时间。

那么这条路会将我们引向何方呢？"蒸汽朋克"将不会存在，而是形成"水电朋克"的世界。工业化也许不是始于英国，而是始于挪威或瑞士的山上。没有易开采的化石燃料，经济和技术的发展以及人口的增长当然都会减慢。有着丰富水电资源的地区，包括斯堪的纳维亚半岛、加拿大以及南美洲和非洲的一部分，会有巨大的优势。

没有脏兮兮的煤火，城市里便不再会被肮脏的烟雾污染。由于需要更好的水力发电机而不是更高效的蒸汽发动机，科学将更多地关注电动力学而不是热力学的研究，而这或许加速了更小、更轻的电动机和电池的发展。生活节奏也会更慢——你将在一艘铁帆船上花费数周才能从伦敦到达纽约,而不是坐几个小时的飞机。世界甚至可能更加均衡:没有蒸汽动力的话,一些欧洲国家很难建立庞大的帝国。最重要的是,不会有即将来临的气候灾难。

这样一个愿景很吸引人,但似乎不太可能实现。我们倾向于认为技术的进步是不可避免的,但事实可能并非如此。例如,中国早在9世纪就开始用焦炭冶炼铁,但工业革命并没有在那里发生。它发生在英国,只是因为特定的地理、社会、经济和文化因素等汇集在了一起。

水电技术比蒸汽动力技术更为复杂,即使它是由工业化前的文明发展起来的,我们也有理由认为它可能并不会推动工业革命的发展。利用相对简单的技术,电力可以用于照明、加热、烹饪、给发动机供电、制造肥料,甚至熔化金属。虽然电能可以将炼铁所需的用炭量减少一半以上,但不能完全取代它。因此,木材仍然是一个限制因素,没有廉价的铁来制造工具、机器和铁路,快速工业化将是极其困难的。

扩大水电应用规模比扩大煤炭开采规模更具挑战性。在工业时代之前,修建大坝是可能的。例如,1177年,位于法国图卢兹的400米长的巴扎克大坝建成,为水车提供动力。在1888年,它被改造成了一个4兆瓦的水电站。

然而,在19世纪初,要想提供与英格兰和威尔士燃烧煤炭所获得的等量的能源,得需要2 500座这么大的大坝。而要达到1850年的煤炭消费量,需要再修建8 000座大坝。你拿什么来造这些大坝呢?西费尔问。像水泥和砖块这样的建筑材料,只有在有煤可以烧制石灰和砖块的时候，才能变得容易获得。更何况还有运输材料所需的能量消耗。修建水电站需要大量的规划、劳力和能源，然而大坝在建成之前是无法提供能量的，因此经济上可能也不可行。

那么，人类文明可以在不利用化石燃料的情况下过渡到先进的工业经济吗？"当然，你不能完全排除这样的可能性。"西费尔说，但他认为这个可能性也不大。《大分流：欧洲、中国及现代世界经济的发展》一书的作者、历史学家彭慕兰（Kenneth Pomeranz）却更为乐观。他说："我认为应该会缓慢增长，但显然会有很多未知的因素。"缓慢增长也不会是一帆风顺。地区文明容易受到流行病、饥荒、地震、战争和火山爆发的影响，有很多文明就是这样垮台的。全球工业社会出现所需的时间越长，灾难发生的可能性就越大。

所有这些都揭示了一个普遍真理：不管在何处，大多数，甚至是所有技术先进的文明都是利用化石燃料发展起来的。里格利说："不消耗能量，你就无法改变任何事情，能量绝对是先决条件。"

大多数碳基生命蓬勃发展的世界可能都会用到化石燃料。也许有一些水生的外来文明可以不利用火就在技术上达到进步，甚至一些文明可以不利用大气中的氧气就蓬勃发展，但这毕竟很难想象。如果化石燃料是发展先进技术的关键，全球变暖可能不是人类独有的问题，而是整个宇宙中的燃料使用者的问题。毕竟，物理学法则在哪儿都适用。里格利说："用化石燃料来获取能量有很大的负面影响，而转向其他的能源又远谈不上容易。"

有多少外星文明在设法过渡到可持续能源之前，就毁掉了他们的星球，或者耗尽了化石燃料？"这甚至可能是个很好的'过滤器'。"

在宾夕法尼亚州立大学研究如何使星球更宜居的詹姆斯·卡斯廷（James Kasting）说。卡斯廷指的是，尽管宇宙中有大量的恒星，我们仍然无法在别处发现智慧生命——所谓的费米悖论，这是由于遇到了某种阻碍，它们要么使智慧生命停止进化，要么使其走向灭绝。

在经历了这种崩溃之后，就不会有容易开采的化石燃料了。在所有知识和资源消失之前，文明可能会有一个短暂的机会来利用更多可持续的能源重新建立自己。但错过了这个机会，就不会再有机会了。如果这个想法正确的话，每个行星基本上都提供了一个可过渡到先进可持续状态的机会。我们最好不要浪费我们的机会。

如果启蒙运动失败了会怎样？

"欢乐君主"查理二世非常支持科学实验，当时英国的科学风靡一时，英国皇家学会也随之诞生。但如果国王排斥实验科学的话，会怎样？**威廉·林奇**（William Lynch）这样问。

我们会问假如牛顿、爱因斯坦、达尔文这些科学名人没有诞生会怎么样，但可以问"如果……会怎样"这类问题的不仅限于科学名人。1660—1685年在位的英格兰、苏格兰和爱尔兰的国王查理二世是一个同样有巨大影响力的不可思议的人物。如果不是因为查理对自然哲学的一个分支的热情，现代科学可能会变得大为不同。

1660年11月28日，伦敦格雷沙姆学院聚集了12个人，为创立后来的英国皇家学会做准备。在他们的第二次会议上，他们获得了流亡归来并重登王位的查理二世的赞助。

这是一个重要的时刻。在国王的许可下，1662年，学会获得了皇家特许状，可以以自己的名义出版刊物。由于罗伯特·玻意耳和艾萨克·牛顿等杰出成员的工作以及学会杂志《哲学会刊》的创立，皇家学会成为著名的自然科学先驱组织。

在欧洲大陆诸如勒内·笛卡儿和伽利略·伽利雷这样的人物促进了以几何学为基础的、演绎的哲学方法的同时，皇家学会的思想家则是学者弗朗西斯·培根的归纳实验方法的拥趸。这个强调实验的方法很快就在整个英国乃至世界范围内流行起来。

若查理没有对皇家学会给予支持，科学是否可能走上一条倾向于哲学和演绎的不同的道路，并由于对实验的忽视而衰落呢？有两个因素可能会导致国王做出不同的选择：一是许多学会成员都与奥利弗·克伦威尔政权有联系，克伦威尔在1649年处死了查理的父亲查理一世；二是年轻的查理在被放逐期间受到哲学家托马斯·霍布斯的指导，霍布斯更具有欧洲大陆知识分子的派头。

事实上，霍布斯发动了一场针对玻意耳和皇家学会的论战，主要是指责皇家学会成员明明是在鼓捣一堆机械，却美其名曰哲学。他认为，科学不应该依赖于人工实验，而应该用演绎推理来发现自然的一般表现规则。因此，尽管玻意耳的气泵也许能产生看起来像是真空的环境，但任何一个会正确推理的人早就能得出结论：机器内部总是会进一些空气的。

一些科学史学家们认为霍布斯的观点在当时可能占了上风。哈佛大学的史蒂文·夏平（Steven Shapin）和剑桥大学的西蒙·谢弗（Simon Schaffer）认为他对实验方法的批评足以使科学转向不同的方向。如此说来，我们在现代对实验的关注恐怕仅仅是由于英国王朝复辟政治史上的一次意外。

如果没有这个意外，霍布斯的科学将成为主流。科学家们将会首先关心一个科学解释在理论上是否说得通，而不是是否可以被实验检验。例如，他们可能忽略了气泵的气动物理，这可能就阻止了蒸汽机的发展，也使得18世纪化学革命的一个重要工具——气体收集和操纵装置不复存在。没有蒸汽机,没有现代化学,就意味着没有工业革命,因此也没有高科技的现代科学,如粒子加速器。我们现在可能还在争论原子是否存在呢!

不过这种可能性也很小。历史教训告诉我们,政治上的认同并不是推动实验主义的唯一力量。例如,欧洲大陆的思想家们也找到了有别于以几何学为中心的思维方式。他们逐渐变通,慢慢地学会引用个别实验的结果。例如,布莱兹·帕斯卡用气压计做了实验,但他将其表述为一般的"经验",而不是具体的实验数据。

牛顿将理论和实验合二为一的研究方法更多地归因于这种将数学和实验主义混合的传统,而不是他的皇家学会同事们对毫无理论支持的"事实"的反复强调。玻意耳就反对牛顿的这种做法,认为它模糊了真实实验和思想实验之间的界限。

如果查理二世没有建立皇家学会,而是把霍布斯的哲学作为学校教育的方法,那些所谓的霍布斯主义者们可能也会开始鼓捣气泵。受到官方支持的霍布斯主义者将从事大量的实验工作,如牛顿的光学实验或电磁学的公共演示实验等。即使在一个更鼓励演绎性理论的氛围之中,人们提出的科学难题也将引发进一步的实验。而毫无疑问,培根主义者仍会追随他们的兴趣,无论是否有政府的赞助。

最重要的是,技术还将继续发展。比如,那些随英国崛起为海上强国而产生的科学仪器的改进并不依赖于学术科学。现代霍布斯主义者们不得不扩展他们的理论来解释这种发展。新的工具和技艺精湛的工匠将提供越来越诱人的机会,让他们利用仪器并将之称为哲学。

除了牛顿以外，还有谁能给世间赋予秩序？

一场有关光的颜色的争论差点儿使这位年轻的数学家放弃科学。若牛顿一去不复返，将会发生什么呢？**彼得·罗兰兹**（Peter Rowlands）这样问。

1672 年 2 月 6 日，29 岁的艾萨克·牛顿自信满满地把他的第一篇文章寄给了位于伦敦的皇家学会——该机构几个月前刚对他发明反射望远镜大加赞赏。牛顿希望他们对文中"白光是多种颜色的光的混合"这一论断也会给出同样的反馈。

但这一令人吃惊的新理论却引发了一场持续多年的争论。牛顿以为人们会第一时间全盘接受自己的观点，完全没有任何思想准备，但皇家学会的反应出乎他的意料。

随着争论的激烈进行，牛顿逐渐失去了对科学的兴趣，终于在 1678 年甩手不干。在整整 6 年间，皇家学会试图劝他回来，都被他拒绝了。而当学会中的大人物们坚持说只有他掌握了发现行星运动规律的数学手段时，牛顿最终被说服，回到了皇家学会。

结果便是《自然哲学的数学原理》（简称《原理》）的问世，该书是有史以来最伟大的科学著作之一。在该书里，牛顿解释了行星的运动、潮汐、岁差和落体的加速运动，所有这些都使用了他提出的关于力的新数学理论。

那么，如果牛顿没有回到科学领域，历史会有多大的不同呢？其他人难道不会有同样的发现吗？毕竟，人们已经猜到行星之间一定存在某种吸引力定律，就像牛顿发现的那样。但我的答案是：不会。牛顿和他所生活的时期有着独特之处，这一点起了很重要的作用。如果牛顿真像他说的那样放弃了科学，今天的世界将和我们所知道的完全不同。

在17世纪，罗伯特·胡克等科学家通常被看成是发明家。他们用机械装置和模型来解释自然现象，而不是基本的数学原理。牛顿改变了这一切。通过认识到物质世界的行为是由抽象且普遍的规律来支配，他使科学家，尤其是物理学家，变成一个高高在上的权威，掌握着宇宙的所有秘密。牛顿的思考风格也是独一无二的。只有抛弃熟悉的常识，他才能发现能涵盖无数看似无关现象的抽象规律，他才能不依靠任何已知的物理原因，对力（比如引力）展开想象。

他发表《原理》的时机也是独一无二的。牛顿相信任何事情都可以用一个基本的概念来解释，他也是中世纪神学家中唯一一位持有此种观点的。该哲学观点在17世纪末就已严重过时。哪怕是和牛顿同时代的最杰出的人也不会相信宇宙中从行星到物质粒子的所有物体都受引力的即时影响。一个苹果怎么能像地球施加在它身上的力一样对地球施加同样的力呢？这违背了常识。

看看18世纪中叶牛顿的思想被广泛接受之前发生了什么，就可以知道如果没有牛顿，可能会发生什么。瑞士数学家莱昂哈德·欧拉在皈依牛顿主义之前，是通过假设气态太空中的旋涡将行星保持在围绕太阳的轨道上来解释行星的运动的。几年后，欧拉放弃了这种理论，接受了牛顿提出的抽象的引力定律，他继而创造了牛顿动力学的现代公式。

但是如果没有牛顿，欧拉可能不会放弃他的最初想法。毫无疑问，数学家约瑟夫·路易斯·拉格朗日和皮埃尔–西蒙·拉普拉斯将会用更漂亮的数学技巧将其拓展。诸如星系旋转之类的困难将通过引入特定的修正来解决。这种特殊的推理方式将主导非牛顿科学，几乎没有人会用普适的数学定律来思考。每个现象都有一个特定的解释，没有人会想到提出一个理论来解释更多的现有数据。归纳现象将被认为是毫无价值的，因此不值得被资助，也不值得被发表。在有更紧迫的具体问题需要处理时去思考基本问题如何解决，会被认为是荒谬的。而物理学家们也不会赢得像现在这样的终极哲学家的地位。

牛顿对技术进步的影响也很深远。迈克尔·法拉第那些电磁学方面的发现——直接导致了电动机和发电机的出现——将使生活在19世纪中叶的同时代的人摸不着头脑。詹姆斯·克拉克·麦克斯韦也永远不会通过一个统一电、磁和光学理论的方程来对法拉第的发现做出解释。今天的科学家们可能才刚刚开始了解电磁学。我们最多会提出大量的细节理论，从而促进发电和无线电等方面的有限的技术进展。计算机或其他先进的电子设备也都不会出现。20世纪下半叶的技术飞跃根本不会发生。

那么量子力学呢？任何像牛顿在其晚年提出的那样认为光是粒子的人都会显得很古怪，而光既可以是波又可以是粒子的这种想法——量子力学的基石之一——简直令人无法相信。在这个平行世界里，当然几乎不会有我们现在所定义的物理学概念了。化学家因其提出的原子和分子以及元素周期表的概念，将被认为是真正的科学家。而物理学家将被称为"运动学工程师"，其地位将低得多。

自然界仍然会有许多无法解释的现象，但是不会出现一般理论所不能解释的反常现象，因为根本不存在"一般理论"这种东西。对放射性的研究也仅仅会作为另一个满足好奇心的探索被记录下来。如果没有牛顿的看似"不科学"但实质上是形而上学的思维方式的突然而辉煌的成功，我们也不会去寻找一种宏大的统一理论。

在寻找统一理论的过程中，今天的物理学家们讨论的是如何把自然界的四种力统一为一种。但我认为他们对这种万物理论的追求重演了牛顿同时代人的许多错误。甚至像弦论这样的思想也被锚定在现有知识中，缺少了概念上的创新。我们需要另一个前所未有的牛顿。

如果达尔文没有随贝格尔号军舰出海会怎样？

"其他人可能也会具有查尔斯·达尔文的洞察力——确实有过——但他们没有人能被当权派接受。"
约翰·沃勒（John Waller）说。

1830 年 9 月初，年仅 21 岁的查尔斯·达尔文志忑地走近伦敦的海军大厦。一周前，他收到一封信，邀请他随科学考察舰贝格尔号出海，该航船的任务是绘制南美洲沿海水域的航海图。作为一名热情的博物学家，他非常兴奋，但他当医生的父亲罗伯特说他不能去，这让他倍受打击。查尔斯可能差点儿就要成为一名牧师了，而不是在世界各地游走，搜寻野生动物的科学家。幸运的是，他的舅舅乔赛亚因为肠道出血问题找他父亲看病，并听说了这个旅行计划，乔赛亚说服了他的父亲。

但即使这样，他仍然前途未卜。贝格尔号船长罗伯特·菲兹罗伊（Robert FitzRoy）由于饱受抑郁症的折磨，希望找一个人来减轻指挥航船的负担。但理论上讲，达尔文不是一个好人选。菲兹罗伊是一名保守党贵族——反对共和制，支持奴隶制，支持英国国教。达尔文则出身于辉格党和废奴主义者的家庭。更糟的是，作为一个业余的面相学家，菲兹罗伊由达尔文松弛的鼻子推测他"缺乏能量和决心"。幸运的是，在海军部的第一次会议上，达尔文不加掩饰的热情赢得了船长的欢心。

如果舅舅乔赛亚没有因消化道问题而烦恼，如果达尔文的父亲坚持自己的立场，或者菲兹罗伊拒绝和一个与他如此不同的人共处一室，那么历史会发生多大的变化呢？我们现在会把自己当成是堕落的天使而不是直立行走的猿吗？神创论会统治世界吗？

至少有一点是达尔文学派的大多数学者都认可的：如果达尔文没有登上贝格尔号，他就不会提出自然选择进化论。在陌生的环境中旅行所带来的新鲜感打破了他之前的和谐、温和、静态的自然观。原始野生环境给这个从小倍受宠爱的年轻人带来了难缠甚至让人头疼的问题。因此，在他回来后的几个月里，他开始质疑当时被认为无可置疑的定论：物种的永恒性。艾萨克·牛顿证明上帝是一个立法者，而不是一个修补匠。因此，把加拉帕戈斯嘲鸫（一种可模仿其他鸟类鸣叫的鸟）和南美三趾鸵鸟等不同物种看成是自然法则的结果而不是爱管闲事的神的创造物，不是更有道理吗？至于他在巴塔哥尼亚挖出的那些巨兽化石——灭绝的美洲驼、树懒和犰狳的遗体，它们难道不是现代物种的祖先吗？

对1837年年初的达尔文来说，上帝在每一个新的地质或气候环境中创造一个新的相应的物种这种想法已经过时了。但对这一正统观点的挑战无疑意味着对政治、宗教和科学的颠覆。进化论——主张有机体随着时间的推移而逐渐变化的理论——纵使已经存在了几十年，但只要稍有点儿地位的博物学家，几乎没有谁会对此感兴趣。然而，受其在贝格尔号航行中见闻的驱使，达尔文偷偷地成了进化论的信奉者。

继而，他开始寻找一个看似合理的物种变化机制。起初，他赞成他的祖父伊拉斯谟，以及让–巴蒂斯特·拉马克（Jean-Baptiste Lamarck）阐述的一个想法，即生物体通过继承父母在其生活过程中所获得的特性逐渐适应环境。但在1838年的初冬，达尔文提出了自己的理论——自然选择。

很难想象如果达尔文是一名英国的乡村牧师的话，还会不会有认识上的如此飞跃。正是在贝格尔号上的经历促使他走向进化论的"异端学说"。但从历史上讲，达尔文的经历是否真的那么重要？毕竟，达尔文并不是当时唯一提出自然选择理论的人。1858年，一位在马来群岛的一个小岛上患上严重疟疾的年轻博物学家阿尔弗雷德·拉塞尔·华莱士（Alfred Russel Wallace），得出了几乎相同的理论。也许，如果查尔斯·达尔文没有登上贝格尔号的话，我们就要改信"华莱士主义"了。

这里值得注意的是，无论是华莱士还是达尔文，在他们生前都不是靠着提出了一个合理的演化机制而成名。直到20世纪初，还只有少数生物学家承认自然选择是物种变化的主要推动力。大多数人还是倾向于支持拉马克这一派的继承习得特性学说。达尔文的伟大成就在于，他说服了其他生物学家接纳进化这一想法本身，而在这方面他是非常成功的。在《物种起源》一书出版的10年内，大约60%的英国生物学家正式成为进化论者。华莱士也为这个惊人的成就做出了贡献，但若光靠自己的话，他能成功吗？

也许吧，但这将是一场艰苦的战斗。1858年，华莱士手头的数据只有达尔文的零头。30年来，达尔文积累了大量的生物地理学、分类学、胚胎学、古生物学、生理学、遗传学、人类学、畜牧学和园艺学方面的证据，他用这些证据来支持自己的论点。同样重要的是，达尔文以前出版的作品——尤其是他对藤壶的研究——为他赢得了良好的科学声誉。而华莱士在科学界还没有赢得声望。

还有一些华莱士可能失败的原因，但可信度并不高。在一个阶级分化的社会里，华莱士不幸是一名生活拮据的律师的儿子。诚然，英国科学界的精英们确实能容忍"低阶层人士"进入这个圈子，但由于华莱士是通过给家乡富有的收藏家寄送他的珍稀发现来换取他的仕途，他的工作就被贴上了做生意的标签。一个科学商人，即使业务再怎么熟练，也只能去做"事实采集"的工作，而把理论上的工作让位于圈子中"更合适的人"。

如果吸引华莱士的是一个没有争议的科学领域，那么他卑微的出身也许就无关紧要了。但自18世纪后半叶以来，进化论一直是一个危险的想法。挑战创世说触怒了宗教和政治上的当权者，他们一直在随心所欲地召唤上帝捍卫君主制、贵族和不平等。因此进化论在思想自由的民主主义者和共和主义者人群中很受欢迎。然而，像华莱士这样出身卑微的人倡导进化论，几乎肯定会激怒科学精英们，其中很多是牧师，而且几乎全都是有钱人。

而达尔文则不同了。直到1859年，他都是知识分子和社会尊严的绝对体现。通过支持进化论，他将其从政治激进分子的掌控中拯救出来，使之成为一种可以被人接受的看待自然界的方式。他把对猿类的讨论变成一个适合在上流社会科学探究中讨论的话题。很难想象在维多利亚时代其他任何一个位于科学前沿的人能在这个问题上给予同样的尊重，就连那些大人物们也无心一试。作为进化论打入上流社会的"卧底"，达尔文做出了实实在在的贡献。只有像他这样显赫的人才能说人类只不过是野兽这样的话，最后仍能以国葬之礼安眠在威斯敏斯特教堂。

如果没有达尔文，大多数人仍然会相信自然选择的进化。如果你不信，便是无视了20世纪上半叶生物科学的巨大进步，而正是这些进步使得这一理论变得无法抗拒。虽说如果没有他的话，生物学家不知道要花多长时间才能接受进化论，但有一件事却是相当确定的：在1859年，查尔斯·达尔文对仍然脆弱的进化论给予了必要的保护，使之生根发芽，成为现代科学中或许是最强大的思想。

如果爱因斯坦未得到重视会怎样？

牛顿确定了天上行星的运动方式，而两个世纪以后，另一个年轻人却将之推翻。但他的想法得以公之于众是一个天大的巧合，**格雷厄姆·劳顿**（Graham Lawton）和**杰拉尔德·霍尔顿**（Gerald Holton）说。

偶然事件能够改变历史，而在科学史上，一定没有比100年前马克斯·普朗克担任德国杂志《物理学年鉴》编辑这件事更大的意外了。如果没有普朗克的影响，这本杂志就不可能在短短几个月内发表了4篇来自一位不知名的业余科学家的论文，而这些论文改变了我们对宇宙的理解。

这个无名之辈便是阿尔伯特·爱因斯坦，当时年仅26岁，住在瑞士伯尔尼，是一名专利审查员。1905年，爱因斯坦时来运转。当年他写的前三篇论文——分别关于光电效应、狭义相对论和布朗运动——现在每篇都被认为应该获一个诺贝尔奖。第四篇论文则为著名方程 $E = mc^2$ 奠定了基础。

普朗克从来没有听说过爱因斯坦这个人。当时的爱因斯坦未受过任何高中物理教师资格以上的正规科学训练。但是普朗克看出了文章中的名堂，便派了一个助手去伯尔尼调查是否真的有爱因斯坦这个人，并决定发表这些文章。普朗克的支持是至关重要的：当时没有其他物理学家会接受这些文章，而数年之后，普朗克还因为发表这些"没用"的成果而广受指责。

攻击几乎应声而起。例如，在1906年，德国哥廷根大学一位名叫沃尔特·考夫曼的实验物理学家发表了对爱因斯坦的狭义相对论论文的第一次实验检验。在文章的最后，他写道："我在此证明了爱因斯坦的错误。"普朗克不为所动，爱因斯坦自己也并不在意。当他的朋友们指出他的事业有麻烦的时候，他自信地断言考夫曼的实验一定是有瑕疵的（的确如此——他的设备出现了漏洞，这个问题到后来才被发现）。当然，普朗克和爱因斯坦最终被证明是正确的。

那么如果爱因斯坦的文章没有被接收，或者考夫曼的攻击正中要害，会发生什么呢？当爱因斯坦后来被问到这个问题时，他回答说他坚信另一个物理学家会提出同样的概念。他脑海中甚至已有了人选：巴黎法兰西学院的保罗·朗之万（Paul Langevin），此人最为人所知的可能是他在1910年与玛丽·居里的绯闻。朗之万在数学家亨利·庞加莱（Henri Poincaré）的手下做研究，后者在1905年爱因斯坦发表论文之前不久发表了一篇关于相对论的文章，但没有获得成功。

爱因斯坦有充分的理由相信朗之万已经掌握了相对论理论。两人一起工作，成了亲密的朋友；在1911年第一次索尔维杰出科学家会议的合影中，我们看到他们两人站在一起。如果这个法国人的脸取代他旁边爱因斯坦的脸成为科学的圣像之一，这倒挺有意思。我们永远不会知道朗之万是否真的会提出狭义相对论。但可以说，除了爱因斯坦之外，没有人能提出广义相对论，那是爱因斯坦在1915年提出的理论，把引力引入狭义相对论，并促进了如今宇宙学的诞生。

另外，如果爱因斯坦的知名度没有扩散至全球，那么好像还有另一个至关重要的"如果……会怎样"的问题值得深思。爱因斯坦在1939年给罗斯福总统的信中指出，核链式反应可能会产生毁灭性的影响，这常常被认为是美国赢得原子弹竞赛的关键。

但事实完全不是那样。直到1941年，罗斯福政府才开始认真考虑原子弹的问题，当时旅居英国的两位德国物理学家鲁道夫·派尔斯（Rudolf Peierls）和奥托·弗里施（Otto Frisch）的一篇论文对其可行性进行了证明。然而，维尔纳·海森堡领导的纳粹科学家们从来没有成功制造过炸弹，甚至连可以工作的反应堆都没造出来。哪怕爱因斯坦没有干预的话，也不会有什么区别。

如果纳粹赢了"二战"会怎样？

史蒂夫·富勒（Steve Fuller）认为，如果第二次世界大战是另一方获胜的话，其后 50 年，全球的科学议程将不再以亚原子物理学和核能为主导，而是以一种阴险的环境保护主义为主导。

1941 年年初，纳粹入侵苏联，这是一个灾难性的决策，最终导致德国输掉了第二次世界大战。但这并不是他们的唯一选择。正如历史学家约翰·基根（John Keegan）在其 1999 年的文章《希特勒如何赢得战争》中所指出的，纳粹分子可以选择去征服中东的油田，这条路也更容易。哪怕他们并没有完全占领所有的油田，希特勒也很可能最终控制欧洲的能源供应，迫使其陷入僵局，提前两到三年结束战争。这一结果可能会阻止大部分（甚至可能是全部）的大屠杀，因为大屠杀的想法可能来自希特勒对他早期在苏联取得的胜利的误解，以为自己在战场周边受到了极大的欢迎。"二战"的另一个结果也将给科学带来深刻的影响。

如果纳粹获胜（或至少没有失败），那么 20 世纪下半叶的科学议程将不以亚原子物理学和核能为主导，而是以生态学为主导。诸如生物多样性、预防原则和动物权利等观念，将会成为主导概念，存在于建立在种族优生原则之上的社会达尔文主义的政治形式中。

乍一看，这个结论似乎难以接受。很难相信纳粹主义的成功会产生出一个具有救赎性质的世界。但即使在现实世界中，纳粹的失败也没有妨碍他们的大部分科学成果被战胜国吸收。

下面我们假设1943年的和平条约允许希特勒继续保留他在欧洲和亚洲的控制权。意识到德国缺乏自然资源的纳粹经济学家们就会要求对被征服国家进行再农业化，以防止它们成为竞争对手。只需控制中东的一部分石油，就能让纳粹限制住其余自由国家追赶的步伐。这样，纳粹帝国就会成为全球超级大国。

这对科学技术来说意味着什么呢？种族优生的理念在希特勒崛起之前就已存在，而在他灭亡之日才消失，它非常严肃地采用了地球的视角，用现在通俗的话来讲就是盖亚假说[①]。例如，种族优生学家认为，全球的苦难是由于人类受到误导，试图逆转自然选择的影响而导致的。因此，他们认为应当停止大规模打疫苗，纳粹认为那是一种"反自然选择"的行为。对于种族优生学家来说，疫苗并不是使身体恢复到自然状态，而是人为地增强了体质。历史上，帝国扩张所造成的民族融合也推动了疫苗的研究，这导致种族卫生学家得出结论，只有稳定和"纯净"的种群才能自然生存。这明显会影响医学研究和相关政策。在我们现在所称的预防医学中，纳粹会把疫苗去掉，而在这个领域的其他方面，他们还算是先驱。

他们对预防医学的兴趣意味着对辐射、石棉、重金属、酒精和烟

---

① 盖亚假说是英国大气学家詹姆斯·洛夫洛克（James Lovelock）于20世纪60年代提出的假说，认为地球是一个自我调节的生命有机体。盖亚是希腊神话中大地女神的名字。——译者注

草等如何影响健康的研究将更加快速地推进。纳粹也将强制生产有机食品，禁止活体解剖，鼓励素食主义和自然疗法。甚至，热衷环保的纳粹党对世界石油供应短缺的敏感度会激发人们早早地开始从科学上研究如何减少碳排放和转向替代能源。简而言之，20世纪40年代末会发布一系列与科学相关的政策，而这些政策在20世纪60年代后期才真正开始实行。

除此之外，政府会推行强制性绝育，并允许安乐死，以阻止19世纪细菌学家路易·巴斯德和罗伯特·科赫等人发现各种病原体以来，医药技术对生物多样性的破坏给人类生态系统造成的"损害"。他们不知道肺结核是自然界以优胜劣汰的方式削减难以维系的人口数量的手段。随着时间的推移，当自然界被认为已经恢复平衡的时候，我们才会不再需要绝育和安乐死。

所有这些发展都需要有一种国家强制执行的"企业环保主义"机制，它将在大企业与环境之间达成一个早期的和解。然而，在这个过程中，人类生命的价值将不再那么重要。那些反对对智人实行"自然选择"的人在政治上和科学上将被边缘化。而关于对人类的选择应该是一个主动还是被动的过程的争论将占据中心地位。

纳粹也会倡导载人航天任务。他们会意识到，将多余的人送入太空既可以让他们检验最先进的物理科学——天体物理学和航空学的极限，又可以将德意志帝国的运载能力扩展到其他行星或轨道空间站。后者将被视为一种人道而明智的自然选择方式。

最后，核物理会怎样？纳粹的核物理研究仅仅是为了应对曼哈顿计划而勉强开展起来的，可以想见，战争若提前结束，制造原子弹的竞赛就会停止。由于大部分生态系统处于直接的政治控制之下，也没有了研究核能的必要。阿尔伯特·爱因斯坦在 1939 年 8 月 2 日鼓励罗斯福总统研制原子弹的信中所描述的那个粉碎原子并释放其中的能量的想法，将被用来煽动反犹太主义的火焰。犹太人将被视为妖魔，因为他们建议研制一种炸弹，爆炸之后，会带来一个虽不相同但同样致命的结局。

如果登月计划中途未被放弃会怎样？

如果阿波罗任务继续进行，地球上的生命可能会变得不同，但是地球以外的生命又将如何呢？**亨利·斯潘塞（Henry Spencer）**在思考这个问题。

时间指向 1972 年 12 月 14 日，尤金·塞尔南和哈里森·施密特返回了阿波罗 17 号登月舱。在尼尔·阿姆斯特朗迈出历史性的一步仅仅三年之后，人类对月球的探索迎来了暂时的尾声。

其实在阿波罗 11 号到达月球的多年之前，大局就已经定了。20 世纪 60 年代末，越南战争使美国财政陷入困境。1967 年 1 月阿波罗飞船发射台上的一场致命的大火严重影响了美国航空航天局（NASA）的典范形象。而苏联的登月努力似乎又毫无进展。在 1967 年夏天的预算辩论中，国会拒绝资助 NASA 的进一步月球探索计划。如果那个夏天事情变得不同，会怎样？假设国会批准了 NASA 的申请，然后再快进 40 多年……

现在是 2018 年 7 月，在美国的月球永久殖民地约翰逊城（以授权建设该城的林登·约翰逊总统的名字命名）中，人们正在庆祝第三代美国裔月球人的到来：他们是出生在月球上的父母生出的第一代孩子。因为这个殖民地的人口只有 5 000，"城市"这个词太过浮夸，而如果你期待这座城市上方有一个像科幻漫画中那样的穹顶，你也会失望了：这种想法绝对经不起月球被宇宙射线和陨石轰击的严酷现实的考验。

幸运的是，有一个现成的地点可以用来建设城市：地下火山熔岩流雕刻出的通道，但熔岩本身早已熄灭。早期的阿波罗任务已经在月球表面断断续续的沟槽中发现了部分坍塌而露出表面的通道的痕迹。月球岩石极度干燥，重力也比较弱，这意味着直径一千米甚至更粗的隧道可以保持稳定。而在20世纪70年代后期，给这些通道封堵或加压都非常简单。

一开始，政府几乎包办了约翰逊城的一切事务。然而，近年来月球探测越来越依赖于月球本地的自主产业。从地球运输物料的成本仍然极其高昂，而在本地提取水和氧气成了一项繁荣的业务。还有人在讨论开采氦-3并交易到地球上以供核聚变反应堆使用的可行性，如果地球上已具备聚变技术的话。

供月球上的孩子们读书的学校在蓬勃发展，但是更先进的教育还需要送到地球上进行。在阿波罗计划的40年后，乘飞机到达太空已变成常事，但是到地球旅行仍然很昂贵，而且月球居民也无法轻松适应地球上更强的重力。即使你像90%的月球人口那样出生于地球，你也无法轻易回去。当然，对于那些愿意花很多钱只为了在轨道上待一周左右（很快他们就能入住约翰逊城的第一家旅馆了）的太空游客来说，这些都不是问题。

俄罗斯在月球上也有一块地盘，这是赫鲁晓夫渴望为苏联建立永久月球居住权所留下的遗产。事实上，2009年，月球比以往任何时候都更国际化：约翰逊城里有不少欧洲人和日本人，中国和印度也正在考虑建立他们自己的地盘。

月球以外的太空探索一直不太成功。在 1980 年，3 名美国宇航员降落在火星上并停留了一周，但这只是一个匆忙的决定，为了抢在苏联之前在火星上插上旗帜、留下足迹。随之而来的是苏联的登陆和美国的另外几次任务，但是 20 世纪 80 年代末，到达火星的载人任务停止了。分配给 NASA 的固定预算在建立约翰逊城时因成本超支而变得紧张，而摇摇欲坠的苏联经济也无法支撑起苏联的火星探索。

因此，除了在 20 世纪 90 年代初利用探测火星的剩余设备拜访了地球附近的两个小行星外，对月球以外的太空探索在 2000 年之前一直处于停滞状态。随后，技术上的改进让人们的探索热情谨慎地复苏起来。其中一项技术进步是可以从月球极其丰富的极地冰层中提取火箭燃料，这意味着从月球发射远程任务远比从地球发射便宜得多。

2004 年 1 月，一个由 4 名美国人和两名欧洲人组成的小组重返火星，花了 14 个月的时间进行了第一次表面深度勘查。他们发现了惊人的景色，也发现了火星过去可能存在生命的奇特迹象：有机化合物的痕迹，以及可能是微体化石的微小岩石特征。但是火星上的生命显然分布范围不会很广，如果它们仍然存在，可能只栖息于像地热喷口附近这样的生态位中——如果有这样的地方的话。

隔空分析地质学总是很麻烦，而随着 2004 年火星探测器的到达，人们希望能在地热区进行分析的愿望也落了空。深井钻机在异常坚硬和粗糙的火星永冻层中不起作用。尽管如此，人们仍然希望于 2011 年启动的下一个跨国合作任务将会在火星上建立一个新的基地，甚至是一块居住地。

总而言之，人类与太空的交往一直是件有正面意义的事情。发射和修理通信卫星已成为日常。高速计算机网络以及诸如远程学习和远程医疗（为早期火星探险而发展）这样的应用，也为地球带来了派生利益。

资源的稀缺作为太空探索和殖民化的特征，推动了绿色技术的发展，如废水再循环，这个方法也被用于抑制地球变暖的尝试中。目前正在建设中的轨道太阳能电站也是如此。它用微波束向地球输送电力，这个办法曾经引起了争议，但大量清洁能源的发展前景让人们消除了担心。

太空探索的进步比20世纪60年代早期先驱们梦想的要慢。但随着人类在月球上实现永久居住，以及还在计划去往更远的地方，在2018年的时候，天空无极限的理念已深深地扎根在人们心中。

第 3 章

站在宇宙的岔路口

对多重宇宙的思考往往集中于发生在过去的、可能使我们进入不同时间线的关键事件。有人感叹说，如果当时就知道我们现在所做的事，我们可能就会选择另一条路了。

幸运的是，现在的多重宇宙还没有分岔。我们仍然可以对未来自己处于哪个宇宙有所控制。这一章着眼于一些发现、行为和事件，它们可以为我们提供一条新的道路，也可以让我们的后代回过头来思考这条路是如何变得不同的。通过研究每一个可能的结果，我们将告诉自己什么是危险的，并且使我们的后代感觉到，我们当时做出了正确的选择。

如果发现了外星人会怎样？

> 1959 年，物理学家朱塞佩·科科尼（Giuseppe Cocconi）和菲利普·莫里森（Philip Morrison）指出，射电望远镜的灵敏度已经足以检测来自外星人世界的信号。次年，弗兰克·德雷克（Frank Drake）进行了第一次尝试，从那以后我们也一直在寻找外星人的信号。
>
> **麦克雷戈·坎贝尔（MacGregor Campbell）**介绍了一项发现，它对"我们是宇宙中心"这样的想法给予了最后一击。

在开普勒空间望远镜的帮助下，我们得以知道银河系容纳了多达300亿颗与我们相似的行星。而下一代的太空之眼，比如计划于2018年发射的詹姆斯·韦伯空间望远镜[①]，将搜寻这些系外行星的大气，寻找生命的迹象。有些人认为，发现有其他智慧生命与我们为伴只不过是时间问题。2015年，NASA首席科学家埃伦·斯托凡（Ellen Stofan）预测，到2025年，我们会在其他行星上找到"强烈的生命迹象"。如果她是对的，我们将如何看待这个消息呢？

NASA前历史学家、现任美国国会图书馆天体生物学部主席的史蒂文·J.迪克（Steven J. Dick）说，我们所探测到的东西是什么，将

---

① 詹姆斯·韦伯空间望远镜已推迟至2021年发射。——编者注

严重影响到我们所做出的反应。除非来自外星的小绿人大张旗鼓地降临世界杯决赛现场，否则任何关于"外星生命"的发现都会遭遇长时间的质疑和审核。正在寻找另一个地球的麻省理工学院的行星科学家萨拉·西格（Sara Seager）也同意这个观点。她说，任何事物的第一次发现可能都需要时间来确认，"可能不会有'啊哈，找到啦！'这种时候"。

系外行星大气中的化学不平衡可能是微生物活动的标志。但迪克说，像这种间接的结果可能只会有短期的影响。1996 年人们在陨石 ALH84001 中疑似发现了火星上的超微化石，这引起了媒体的关注，美国国会甚至召开了听证会，但之后面对日益增多的质疑，喧闹逐渐消退。现在大多数人认为这颗陨石并没有保留古代外星生命的残骸。

但若有来自智慧外星生命的广播被解码，情况就完全不同了。科学家和政府将不得不评估广播信息是否具有威胁性，以及应该如何做出回应。迪克说，这也会对某些宗教构成挑战："难道耶稣还得作为所有外星人的救世主在星球之间跑来跑去吗？"有些人可能把智慧型外星人本身视为救世主，从而产生新的宗教。另一些人可能只是赞扬他们克服了彼此间的低俗争吵，转而去探索宇宙。

迪克说，从长远来看，即使是少量的外星生命证据也会激起人们对生物学普遍原理的探索。我们可以找到如下问题的答案：生命的出现是只要条件合适就可以，还是一个罕见的事件？还有其他类型的遗传密码吗？生命总是需要碳或水吗？达尔文的自然选择是普遍的，还是存在其他形式的进化？

也许最重要的是，这将严重威胁人类是宇宙中心，甚至是宇宙存在的原因的观点。相反，我们将不得不承认我们的地盘只是银河系这棵巨大的生命之树上的一个小枝杈。"我希望人们内心能达到一种新的平静，并明白我们并不孤单。"西格说。

如果没有发现外星人呢？

我们对地外生命的搜寻毫无结果。**迈克尔·布鲁克斯**说，如果我们真的是宇宙中独一无二的智慧生命，我们应该把地球上的生命带到其他星球吗？特别是当我们可能已经有办法这么做的时候。

思考关于外星人的问题是件有趣的事，但是如果没有外星人呢？距离恩里科·费米首次提出我们是独一无二的智慧生命已经有60多年了。费米估计，1 000万年左右的时间就能使一个先进的技术文明充满整个星系。我们的星系的年龄比这个时间长了10 000倍，所以星系中其他地方的人在哪里？

我们并不是没有去找过。不用太长时间，也许也不用很费劲儿，仅仅是做一个粗略的估计便可知道，应该有其他高级文明能够越过星际距离传递出信号。然而，什么也没有。

如果我们真的是独一无二的，或是与其他生命相距极远而完全无法交流的话，该怎么办？牛津大学人类未来研究所的安德斯·桑德伯格（Anders Sandberg）说：“如果我们认为我们是宇宙中唯一的生命，我们就肩负着向其他星体传播生命的重大责任。如果我们是唯一的智慧生命，我们可能也同样有责任向其他星体传播智慧生命。”

NASA天文学家戴维·格林斯庞同意这个说法，尽管他还没有放弃对外星人的寻找。他说，我们拥有其他物种从未有过的力量，"如果我们是宇宙中最高水平的文明，如果我们是宇宙中智慧、科学洞察力和科学技术的唯一源泉，我们就得提高对自己的要求。我们有责任把我们的文明保存下去"。

说起来容易，做起来难。第一，我们需要决定去哪里闯荡。除了地球表面以外，我们不知道人类在哪里还能存活足够长的时间。"在我们的太阳系中，没有任何地方能提供哪怕是像南极或珠穆朗玛峰山顶那样'温和'的环境。"英国皇家天文学会的马丁·里斯（Martin Rees）说。但对于一些开拓者来说，无论如何都要去试试。亿万富翁、发明家埃隆·马斯克打算在未来50年在火星上建立一个能自我维持的基地。里斯说，到2100年，一些先驱者可能已经建立了完全独立于地球的基地。

第二，我们需要某种强大的推进力，但我们还不知道那是什么。第三，我们必须找到一些方法来处理星际尘埃，当我们以星际旅行需要的高速度飞行时，一旦这些尘埃与我们的飞船碰撞，就会引发灾难。第四，飞船上要有人造重力，否则船员将遭受严重并可致命的健康问题。

毫无疑问，还有更多我们没遇过甚至没想过的障碍在等着我们。但是桑德伯格等人相信人类是可以克服这些困难的。

即使我们做不到，我们也可以玩场更长期的游戏，尝试通过"定向胚种"的方法在银河系中孕育生命。基本的想法是将微生物发射到太空中，希望它们能在适合生命的行星或卫星上坠落，最终进化成一个有自我意识的智慧物种。

　　科幻小说作者查理·施特罗斯（Charlie Stross）建议把可在最恶劣的环境中长时间生存的产芽孢古菌和光合细菌封装起来。他说："把它们放在火箭上，将它们射出太阳系，这些细菌几乎都会消亡。但是如果你每年发射100吨孢子，也许迟早会有成功的一天。"

　　这不会带给我们实质性的回报，也许只是回馈宇宙的恩惠。地球上的生命就可能始于这样的"胚种"。如果是这样，我们的最终目的可能是再次传递它，就像一封在宇宙中穿行的连环信。

如果我们能看到未来会怎样?

多重宇宙给我们提供了很多预测未来会发生什么的可能性。**吉利德·阿米特**(Gilead Amit)探讨了拥有这样的洞察力会是怎样的体验,而**乔舒亚·索科尔**解释了为什么人类在生物学上注定只能看到过去。

人类擅长进行思维上的时间旅行。我们能够设想事物的未来,这项任何其他物种都无法比拟的能力,可以说是使人类有教养、讲文明的原因。但是,如果能看见事物的未来就不一样了,能够预测未来将不啻一场革命。

关于预测未来是否可能的争论由来已久。根据决定论这个科学思想学派的说法,这是可能的。如果有了关于宇宙中每个原子的足够丰富的数据,我们就可以像知道昨天的足球赛结果一样确定地知道明天的足球赛结果。这种观念模式在20世纪遭受了几次打击。第一,海森堡著名的不确定性原理表明,对于一个量子系统(如原子),我们不可能知道关于它的所有知识。第二,混沌理论告诉我们,任何物理系统的未来行为对微小的变化都非常敏感——正如一句谚语所说,一只蝴蝶扇动翅膀可以掀起一阵飓风。

但即使理论上不可能预测,我们实际上也可能会接近到不差毫厘。计算机已经能够对未来现实进行更精确的模拟,比如第二天的天气、长期的气候趋势以及我们银河系的最终命运。NASA 戈达德空间科学研究所的气候学家加文·施密特（Gavin Schmidt）说，从目前的数字运算能力推断，用不了一个世纪，我们应该可以近乎完美地预测天气。

而伦敦国王学院的哲学家马泰奥·马梅利（Matteo Mameli）说，这样的预言能力可能对我们不利。预测性的软件最终可能会剥夺我们在进化中好不容易获得的创造性思维和急中生智走出险境的能力。另外，若不受任何对失败的恐惧的束缚，我们的狂妄自大可能会加速我们对周围世界的毁灭。

德国马克斯·普朗克人类发展研究所的心理学家蒂莫西·普莱斯卡奇（Timothy Pleskac）说，最终结果如何可能取决于预测工具落在了谁的手上。若是被错误的人利用，它们可能被用来支持独裁或建立商业垄断。但更有社会意识的政府可以利用它们来帮助公民应对环境灾难等挑战。

普莱斯卡奇也认为，我们极具适应性的头脑最终会发现自己被这种无所不知淹没了，然后会拒绝它，想要过平静的生活。普莱斯卡奇说："他们可能会说，所有这些信息都在那里，但我不想去看。无知可能才最具适应性，大家可能只想亲自经历未来。"

为什么未来会让你失去理智

请千万记得，过去是过去，未来是未来。虽然物理定律不关心你是沿着时间往前还是往后生活，自然选择却可能会在意。德国多特蒙德工业大学的海因里希·帕斯（Heinrich Päs）和他的团队模拟出了二维世界中的一种"代理人"的生活,它们会试图在二维网格中躲避落下的岩石。"我们模拟了类似性和暴力这样的东西。比如用石头杀人,以及个体繁殖等。"

每一块岩石在碰到网格壁的时候都会像球桌上的台球一样反弹。为了让这个模拟有时间箭头,研究人员让岩石在撞击墙壁时裂成两半,以此增加熵(时间流动的量度)。当一个代理人即将被一块岩石击中时,他也有机会躲开,但每次只能躲开一块岩石。如果两块岩石同时飞来,他肯定会被击中,这样他的"健康值"将会被减去一个由岩石大小决定的数值。

帕斯的团队比较了顺着时间(熵增)和逆着时间(熵减)两种情况下模拟的代理人的情况。他们发现,顺着时间代理人人口增长得要快一些。这是因为,当时间向前推进时,代理人只需预测一块岩石的分裂就可以保持安全。而当时间往后倒退时,他们必须追踪那些最终合在一起的许多小岩石。

加利福尼亚大学圣巴巴拉分校的詹姆斯·哈特尔(James Hartle)说,这也没什么奇怪的。科学家已经表明,储存记忆会使熵的总量增加。相比之下,熵不变的系统,如在没有摩擦的情况下摆动的钟摆,则不能存储记忆。所以,记忆当然只能来自过去,哈特尔说。

然而,帕斯仍然认为从智力上追踪熵增过程所带来的潜在的演化上的收益,可能有助于塑造我们感知过去和未来的方式。他说:"用一些跟演化有关的理论来解释时间本身的一些基本属性,这似乎是一个疯狂的想法。你若真的可以做到这一点的话,意义将更加重大。"

如果我们对未来无能为力会怎样？

决定论也许能让我们看到未来，但它打击了自由意志。我们的法律观念建立在我们可以自由选择自己的行动的前提下，而**肖恩·奥尼尔**（Sean O'Neill）发现，如果那最终只是一种幻觉，社会可能就会遭殃。

我们的道德观念建立在一个非常基本且无懈可击的假设之上：我们是自己命运的主人。但是，在我们逐渐打开捆绑着大脑和意识经验的微妙的结的过程中，这个假设却被动摇了。

关于自由意志的争论是一个古老的话题，但在20世纪80年代，心理学家本杰明·利贝（Benjamin Libet）确实把大家都搞糊涂了。他做了一个实验，在他的受试者有意识地活动手指之前，大脑中就出现了一个信号。尽管利贝的工作仍有争议，但它提出了一个重要的问题：处于主导地位的其实是我们的潜意识大脑，我们的意识只是一个傀儡吗？

当我们开车时，我们可能也处在某条轨道上。生死或存亡的瞬间决定——比如一个警官做出是否开枪的选择——往往需要迅速做出，意识根本难以掌控。相反，这种选择可能是由基本的、潜意识的倾向引导的。

如果一项神经科学的突破剥夺了我们的自由意志，结果将会怎样？一个结果可能是道德的松动。在实验中，如果事先让受试者相信自由意志在很大程度上是一种幻觉，他们就会表现得更加自私和不诚实。他们也更倾向于宽容地对待坏人，让假想的罪犯的监禁时间更短。毕竟，怪罪一个没有自由意志的人更为困难。但一旦我们重新找回自我力量强大的感觉，这些行为上的变化就会终止。

另外，考虑某些人的不道德行为将会增强人们对自由意志的信仰。耶鲁大学的乔舒亚·克诺贝（Joshua Knobe）和他的同事们认为，我们对自由意志的强大信念与一种基本的愿望息息相关，那就是让人们对自己的有害行为负责。换言之，我们需要相信自由意志，从而使惩罚合理化。有证据表明，对惩罚的恐惧是社会免于崩溃的原因。

如果抛弃了自由意志的想法，那么以报复为目的的惩罚就不那么合理了，俄勒冈大学的阿齐姆·谢里夫（Azim Shariff）说。但它仍然可以出于实际需要成为一种威慑力量。"正如我们会采取行动避免如飓风和鼠害等其他自然现象的负面影响，我们也可以采取行动阻止违法者停止造成更大的伤害。"他说。

所以，哪怕自由意志被证明不存在，我们的法律体系可能还会保留下来。我们的大脑意识到受惩的后果之后，就会想办法让我们远离监狱——无论是有意识地，还是无意识地。

当事情和个人相关，我们的情绪也开始发挥作用的时候，失去自由意志可能会让人更难以接受。谢里夫说："当你想着一个欺骗了你妹妹的渣男的时候，你可能很难接受这项神经科学的突破。"

克诺贝同意这个观点。他说："如果人们发现没有自由意志，他们无疑会在抽象层面上进行不同的思考。然而研究表明，这种抽象的反映对人们对待彼此的方式影响很小。"

　　不管怎么说，坚持相信我们自己的力量是有好处的。它会提高我们的满足感和自我效能感，也会提高我们在亲密关系中的忠诚度，给我们的生命赋予更大的意义。谁说自由意志已死？自由意志永垂不朽！

如果我们证明了神的存在会怎样？

乔舒亚·豪威戈格（Joshua Howegogo）说，发现神存在的证据可能是对人类系统最大的一次冲击。但是这可能也意味着我们所知的宗教的终结。

检查一遍方程。再检查一遍方程。最后，物理学家们举手宣布，宇宙大爆炸一定有一个原因———一个创造宇宙的第一推动力。或者，也许神会直接带着无尽的超自然的光环出现在地球上。没有什么比这个对人类系统的冲击更大了。

不可否认，我们在头脑中给神留下了一个空位。如果这个空位被占上该怎么办？我们日益世俗的世界会有大量的人信教吗？也许吧，但要信什么教，人们还不甚清楚。事实上，有组织的宗教可能反倒会陷入混乱。如果神到来，不管其外观上是何种形式，其实体是什么样子，都不太可能符合我们狭隘的现有观念。

我们也可能认为神存在的证据会狠狠地驳斥无神论者。也许吧，但对许多人来说，神存在的观念不仅令人难以置信，而且令人反感。作家克里斯托弗·希钦斯（Christopher Hitchens）自称是"反神论者"，对有个"宇宙守护者"窥视我们一举一动这样的想法深恶痛绝。如果这样的存在真的出现在我们面前，我们或许就会看到无神论者发动一场反抗神的革命。

剑桥大学宗教人类学家乔尔·罗宾斯（Joel Robbins）认为，我们的反应最终将取决于证据的性质。他说，只有戏剧性的证据才会给我们的社会带来巨大的变化，"就像耶稣或外星人出现在地球上，说'喂，我是你的创造者'一样"。

虽然宗教可能受到打击，但我们仍可期待神学上的热闹争论。首先需要讨论的便是道德、苦难和死亡——这些经常被认为是学术界不能讨论的话题，伦敦圣玛丽大学的斯蒂芬·布利万特（Stephen Bullivant）说。例如，虽然有一个全能的神，但仍然存在苦难，那是否意味着痛苦在宇宙中多多少少是必要的呢？或者说它道出了神的有关本质？

我们也许会走向宿命论。有证据表明，信教的人经常对疾病和死亡等事件同时援引自然和超自然的解释。例如，人们即使相信神正在控制他们的病情，也还是会吃药。神存在的证据也许会使你不再用医学解释疾病，并使人们认为生病了也就是这么回事——你的大限到了而已。

知道宇宙大爆炸是由一个物理实体引发的，可能会对宇宙学家有所帮助，英国朴次茅斯大学的宇宙学家、神学家阿列克谢·涅斯捷鲁克（Alexei Nesteruk）说。它彻底地证明了宇宙不是永恒的。

有两个宽泛的理论表明宇宙不是永恒的。暴胀宇宙模型认为，宇宙在高能真空中受到产生排斥效应的引力影响而像气泡一样弹出。而共形循环宇宙模型认为平行宇宙不断碰撞、分离、再碰撞，每一次碰撞看起来都像大爆炸。神可能会揭示关于我们的宇宙或多重宇宙的这些相互竞争的模型中,哪一种是正确的。

　　然而,涅斯捷鲁克认为,我们不可能最终证明神存在,或者说,我们不可能找到一个自身不是被创造出来的事物的存在证据。面对一个实体,我们总是会问:"喂,是谁创造了你呢?"

存在一种没有神的宗教吗？

很少有组织像宗教一样有效地将大量的人群团结起来，或者让他们彼此对立。**凯特·道格拉斯（Kate Douglas）** 想知道，有没有可能建立某种组织，不需要超自然力也能获得像宗教那样的好处。

理想的宗教应该采取什么样的形式？有些人可能会说，我们不应该重新设计宗教，而应该摒弃宗教。但宗教在某些方面是有益的：宗教使人更快乐，更健康，宗教也为人们提供了交流的场所。此外，据贝尔法斯特女王大学无神论研究者乔恩·兰曼（Jon Lanman）说，世俗主义已经过了顶峰。他说，在全球化的世界里，移民和经济的不稳定性滋生出恐惧心理，而当人们的价值观受到威胁时，宗教就会繁荣起来。

根据牛津大学的哈维·怀特豪斯（Harvey Whitehouse）的说法，今天的宗教有四种风味。其一是"神圣派对"，包括焚香、敲钟和天主教神圣的合唱。其二是"治疗"，例如一些福音派基督徒治愈和驱逐魔鬼的实践。其三是"神秘追求"，如佛教寻求涅槃。最后一种是"学校"，如伊斯兰教对《古兰经》的详细研究，或者犹太教对《摩西五经》的研读。

虽然每种风味所吸引的人群不同，但它们都会触碰到人类的基本需求和欲望,所以新的世界宗教会把它们和谐地融合在一起:神圣的聚会所带来的欢欣和养眼的服饰,治疗过程中所获得的同情和慰藉,永恒旅程所承载的神秘和启示,以及学校中所凝结的谆谆教诲的气氛。

繁多的节日、假日和仪式会让信徒们上钩。像残害身体这样的"恐怖仪式"已经过时了——虽然它们给人们提供了强烈的联结感,但它们通常与世界宗教不相容。但是,充满激情的创伤仪式仍然可以作为入会仪式的特征,因为人们在付出高昂的代价入会后,更倾向于信奉宗教并容忍它的失败。

新宗教的日常仪式将集中于韵律舞蹈和吟诗,以刺激内啡肽的释放,同在牛津大学的罗宾·邓巴(Robin Dunbar)说,这是社会凝聚力的关键。为了吸引人们回到宗教,他还提出,可以创造出"一些稍稍打破物理学法则的神话",但不能是极端神秘主义,因为它往往导致分裂。

新宗教将对多神的存在和地方特色极为宽容,因此可以高度适应不同人的需要而不失去其统一的身份。它同时也关注世俗事务——它将推动避孕用具的使用和小型家庭的形成,并将关注环境问题、慈善事业以及和平主义和合作。

那么,我们该怎么称呼这种宗教呢?乌托邦吗?

如果我们不是地球上唯一的智慧物种将会怎样?

"如果我们能和其他动物交流,这就会迫使我们仔细审视我们和它们以及环境之间的关系。"**丹尼尔·科辛斯**(Daniel Cossins)说道。

2015 年,纽约法院裁定,石溪大学两只用于研究的黑猩猩——赫尔克里士和利奥没有法律人格权。但事实上,这样的案子能上法庭,已经表明了我们考虑其他物种人格问题的新意愿。"努力将法律权利扩大至黑猩猩……是可以理解的,甚至有可能会有成功的那一天。"法官芭芭拉·贾菲(Barbara Jaffe)写道。

诉讼方佛罗里达州非人类权益项目组的律师史蒂文·怀斯(Steven Wise)认为,如果黑猩猩被认定为法人,它们就应该具有保护自身基本利益的权利,"这当然也包括身体自由和可能的身体完整性,我们不能再囚禁黑猩猩了,更不用说将它们当成我们的实验品"。

如果黑猩猩被赋予了权利,我们就同样应该考虑其他智慧物种,如虎鲸和大象等。但是为什么仅限于智慧物种呢?我们对其他动物的精神生活——它们承受痛苦的能力、自主性和自我意识——的看法主要是基于与我们自己的比较:如果我们在它们的位置上,会怎么样?

但如果那些动物能向我们诉说的话,又会怎样?如果一只狗或一头奶牛让我们知道了它是如何感受生活中的命运的，又会怎样呢？这个想法可能不像看上去那么遥不可及。有很多例子表明类人猿能够与它们的人类饲养员交流。研究者们正忙着解码海豚的语言，认知科学家也开始研究动物的情绪状态。实现物种间有意义的交流可能只是时间问题。

一旦发生这种情况，我们还会吃肉吗？如果我们能与猪交谈，那么我们怎么解释自己对它们数以十亿计的屠杀（不管以多么人道的方式）？而且有人权和没有人权的界限应该如何重新划分呢？我们还会吃鱼吗？可能很多人会完全避开肉类和动物制品。

广泛的动物合法权利也会影响我们改善环境的努力。曾供职于科罗拉多大学博尔德分校的生物学家马克·贝科夫（Marc Bekoff）说，环保主义者可能得放下手中的枪。现在，大多数人采取功利主义的观点，认为通过杀死一个物种的成员来拯救另一个物种或者保护一个生态系统是可以接受的。"但是，如果我们认为这些动物是有知觉的生灵，并赋予每个生命个体更多的价值，那么你就得换一换方法。"贝科夫说，他是人道环境保护运动的主要倡导者。他坚持认为"无伤害"的做法是可以办到的，虽然有人认为这会让我们太感情用事而做不成事。

在动物的生命和人类的生命之间，我们如何权衡？对动物的研究使我们有了拯救人类生命的疗法，因此全面禁止动物试验不太可能。但是，仅要求科学家减少实验动物遭受的痛苦是不够的，贝科夫说。科学家们必须证明对动物的这些行为给人类带来的好处要大于对动物的伤害。至少，更多的物种会在法庭上获得胜利。

智慧的结局是灭亡吗？

"我们总是对自己的聪明才智沾沾自喜。"**阿尼尔·阿南塔斯瓦米**（Anil Ananthaswamy）说道。我们的智慧把我们与其他动物区分开，让我们在地球上获得了主导地位。但这也可能会成为我们分崩离析的原因，也是我们尚未找到智慧的外星生命的原因。

我们的智慧，这个我们自认为使我们达到进化巅峰的特质，可能也会成为我们毁灭的原因。"人类倾向于认为聪明是一件好事，但也许从进化的角度来看，愚蠢要更好。"德国美因茨大学哲学家托马斯·梅青格尔（Thomas Metzinger）说。

人类已经进化出一种独特的智慧形式，拥有其他物种所没有的认知复杂性。这是我们农业、科技进步背后的秘密。它让我们主宰了一颗行星，懂得了关于宇宙的大量知识。但它也把我们带到了灾难的边缘：气候正在逐步恶化，大规模的灭绝已经在酝酿，但我们似乎还没有开始努力改变我们的方式。

人类的遗传多样性极低，这可能会让我们的问题进一步恶化。"一小群黑猩猩都比整个人类的遗传多样性更丰富。"普林斯顿大学的迈克尔·格拉齐亚诺（Michael Graziano）说。一场全球性的灾难就可能把我们一扫而光，这是可以想见的。

究其原因，主要在于我们诡异的双重行为。梅青格尔认为我们之所以这样是因为我们的智慧仍然伴随着固有的原始人性。梅青格尔说："我们的动机结构包含非常复杂的认知，但却不包含同情心和柔韧性。"

换句话说，驱使我们的仍然是一些非常基本的本能，例如贪婪和嫉妒等，而并非对全球团结、同情或理性的渴望。而且，没有人清楚我们能否及时发展出阻止行星灾难所必要的社会技能。

而且，我们的智慧还伴随着所谓的认知偏见。例如，心理学家已经表明，与当前的风险相比，人类对未来风险的关注较少，这使得我们通常会做出在短期内看是好的，但从长远来看是灾难性的决定。这可能也是我们无法全面了解气候变化风险的原因。

人类也有哲学家所说的"存在性偏见"，它影响我们对生命价值的看法——存在的东西比不存在的东西更好。我们还倾向于关注积极因素。但是，如果我们的智力发展到能够使得我们抛弃这种偏见的程度，又将会怎样呢？

事实上，超级智慧的外星人可能已经达到了这种程度。也许在有了既关注短期影响又关注长期影响，且能清楚地预见苦难的能力之后，这种生命体可能会得出它们并不值得活下去的结论。"他们可能已经得出结论，最好是终止自己的存在。"梅青格尔说。这能解释为什么我们还没有与外星人取得联系吗？"可能吧。"他说。

第 4 章

未知的生命

我们生活的地方是所有可能的世界中最好的吗？当德国博学家戈特弗里德·莱布尼茨（Gottfried Leibniz）努力解释在一个全能的、仁慈的上帝创造的宇宙中为何还存在苦难和不公的时候，他得出结论说：是的。根据莱布尼茨的思想，这位神已经想象了所有可能的宇宙——或多重宇宙，如果你愿意这么叫的话——并且让其中最好的一个诞生于世。

这对于那些无法游览多重宇宙其余部分的人来说也许是一种解脱，但这确实给地球带来了很多问题。在这一章中，我们将审视我们人类为改善我们的世界所能做出的最大改变。我们会不会发现，这些美好的愿望所铺就的其实是通往地狱的路？或者我们所处的这个所有可能世界中最好的地方还能变得更好吗？

如果我们可以重新开始会怎样?

我们的生活方式主要是由于历史的意外。现代世界(和古代世界)的建筑师们被迫毫无计划地开始建造,一边干一边学。那么,如果我们在建造世界之前好好地思考一下,情况又将如何?**鲍勃·霍姆斯(Bob Holmes)** 将带我们去一个更理性的世界参观。

仅仅用了几千年的时间,我们人类就创造了一个非凡的文明:城市、交通网络、政府、充满专业化劳力的巨大经济体和大量的文化装饰。这一切看来都挺好,但这不是一个理性设计的模式——每一代人都尽其所能利用从前辈那里继承下来的东西,但结果是,我们最终好像陷入了错误中。例如,有哪个明智的工程师会故意建造出一个像洛杉矶这样肆意扩张、稀稀疏疏的大都市呢?

下面假设我们可以从头来过。想象一下1.0版人类文明就在明天消失不见,只留给我们无限的人力、积极肯干的民众,以及——也是最重要的——我们所积累的关于什么行得通、什么行不通、如何避免上次所犯错误的一切知识。如果你有机会从零开始建立2.0版人类文明,你会做出哪些改变呢?

重新设计文明是一个很大的难题,即便所有人在所有事情上都能达成一致,一个完整的蓝图也将篇幅巨大,远不仅是杂志里的几页纸能写得下的。但是，我们将不畏艰险，通过寻求刺激性的想法挑战我们心目中的理所当然，以试图发现值得考虑的话题。其结果将彻底改变我们生活、活动和组织社会的方式，也能帮助我们重新思考我们对宗教、民主甚至是时间等概念的态度。憧憬一个新文明不仅是一个思想实验：答案突出了我们最需要重新思考的问题，并揭示出我们今天在哪些方面有可能实现大胆的修复。

先从城市说起吧。从历史上看，它们通常出现在当时较为重要的资源（如港口、农田或矿藏）附近，然后再肆意地扩张。因此，旧金山发迹于一个极好的港口，又在19世纪中叶的淘金潮中大步发展，而巴黎则成长于一条大河中的一座容易防守的岛屿。如果没有历史发展的制约，我们该如何设计城市？

在很多方面，城市越大越好。与居住在小城镇或农村地区的人相比，城市居民的平均环境足迹要小一些。事实上，美国圣塔菲研究所的杰弗里·韦斯特（Geoffrey West）和他的同事们在比较不同大小的城市时发现，城市规模的翻倍会导致人均能源使用量、人均道路面积，以及其他资源利用量减少15%。而城市规模每翻一倍，城市居民的收入、财富、大学数量和其他社会经济福利也会有15%左右的增长。简而言之，大城市可以用更少的钱做更多的事情。

当然，城市的规模是有限的。韦斯特指出，他的研究漏掉了公式的一个关键部分：幸福感。随着城市的发展，越来越多的喧闹活动在导致生产率提高的同时也加快了人们的生活节奏。城市规模每增加一倍，犯罪、疾病，甚至平均步行速度也会增加15%。他说："我觉得这对个人来说并不是件好事。这就像在跑步机上跑得越来越快一样，恐怕不能代表生活质量更好。"

但是对于一个城市能有多大,还有一个更为基本的限制:无论居民使用资源的效率如何,一个城市必须有足够的食物、材料和淡水来支持人口。美国世界观察研究所名誉所长克里斯托弗·弗莱文(Christopher Flavin)说:"资源减少的话,水是最大的问题。石油可以用可再生能源替代,而淡水没有好的替代品。"

尽管聚居的好处很多,但我们的新文明可能需要许多大小不同的城市,每个城市都应符合当地环境的需求。这意味着沙漠中不会有大城市,就像亚利桑那州的菲尼克斯(凤凰城)那样。大一点儿的城市应该靠近好的水源,最好沿海建设,以获得高效节能的航运,还应靠近肥沃的农田。纽约、上海和哥本哈根都符合这一要求,洛杉矶、德里和北京则不甚理想。

许多城市最大的缺陷可能是城郊——土地的扩张让很多社区离购物区或商业区较远,迫使人们出门都得靠汽车。"城市扩张是一个巨大的错误。"弗莱文说。它是大多数北美城市的主要增长模式,也是美国人比欧洲人消耗更多能源的主要原因,后者的城市倾向于将住宅和商业区混合,使二者之间的距离步行即可到达。

像伦敦和纽约这样的大城市已经解决了汽车问题,因为开车不实用,大多数居民都使用公共交通工具,步行或骑自行车。但通过正确的设计,即使是较小的城市,也可以实现这一目标。

加利福尼亚大学戴维斯分校交通研究所的马克·德卢基(Mark Delucchi)设想了一种以中央商业枢纽为中心,居民以同心圆的形状围绕商业枢纽居住的城市设计,居民可以通过步行、骑自行车或类似高尔夫球车那样的轻型车出入。"我们认为，人们不使用这些低速车辆的主要原因之一是，他们觉得在常规的道路系统中这些车不够安全。"他说。为了避免这种情况，传统的汽车和卡车将被隔离在不同的道路上，比如在每个区域的外围地区。

为了使这一布局切实可行，德卢基估计，每一个居民都需要居住在距离商业中心大约3千米的区域内，每个地区的人口大约5万~10万人，这样还能同时保持低层建筑的宜人居住环境。然后，每个枢纽可以通过一个公共交通系统连接到其他枢纽，使人们方便地进入其他地区工作，或到访更大城市的旅游景点。一些城市，如英国的米尔顿凯恩斯和阿布扎比的马斯达尔城，已经部分地采用了这些理论。

一旦这一基本结构被大范围地建立，每个区域内的大部分设计任务就可以移交给居民和当地企业来承担。在某种程度上，这就是过去城市发展的方式。例如，在河边建起磨坊以利用水力，然后在其步行距离内建造工人们的住所，而磨坊主们的住宅则建在风景最好的山丘上。然而在过去的几个世纪里，这种有机的进化已经被自上而下的规划所取代，产生了诸如巴西的巴西利亚这样单调乏味的城市，以及满是屋村住宅的现代郊区。

但在今天，社交网络为个人用户提供了工具，可以进行前所未有的协调与合作。麻省理工学院城市设计师卡洛·拉蒂（Carlo Ratti）说："我会以资源开放的方式建造城市，每个人都可以参与其中，决定如何使用它、如何改变它，就跟维基百科一样。"拉蒂提出，通过发挥大众创造力，居民可以规划自己的"维基"社区。例如，一个想开三明治店的创业者可以咨询居民，找出最需要三明治的地方。同样，开发商和居民可以一起决定一个新住宅区的面积、布置和设施，甚至还可能包括马路和步道的布局等。

随着城市和交通的改造，我们重建社会面临的下一个问题是能源问题。这倒不难：几乎每个人都认为可再生能源是一个解决方案。"我们可能不能完全靠太阳能或风能。重要的是我们什么都要有。"科罗拉多州博尔德市的能源效率智库——洛基山研究所的电力系统分析师利纳·汉森（Lena Hansen）说。这将有助于确保可靠的供应。而且，最好的供电路线不是大规模的发电厂，而是像屋顶太阳能电池板这样的小型分散系统。在诸如风暴或袭击之类的极端事件中，这种分散的发电系统不会显得那么脆弱。

汉森估计，以目前的技术水平，建立一个完全基于可再生能源的电力系统，可能比重建现有的基于化石燃料的系统成本要高一点儿，但节省的燃料很快就会将成本补回来。况且，在我们的新文明中能源贵一点儿也不见得是一件坏事，犹他州立大学可持续性研究科学家约瑟夫·泰恩特（Joseph Tainter）说。由于在大多数制造业中能源是一种成本，廉价的能源也使得其他的物质产品更便宜。"它促使我们的消费越来越多——生更多的孩子，消费其他资源，让社会变得更加复杂。"他说。为了防止这种情况发生，泰恩特建议可以将能源的价格人为地保持在一个高水平上。

或者，我们至少要确保所有商品的价格都反映其真实的环境成本。例如，如果化石燃料的价格反映了全球变暖的实际成本，那么简单的经济学原理会促使每个人彻底改变能源利用方式，提高能源效率，发展替代能源。

当我们在处理经济问题的时候，我们可能不能再把GDP（国内生产总值）作为衡量成功的标准了。第二次世界大战后各个国家刚开始关注GDP时，通过商品和服务的生产量来衡量一个经济体还是有意义的。波特兰州立大学可持续方案研究所的伊达·库比谢夫斯基（Ida Kubiszewski）说："那时，大多数人需要的是物品。他们需要更多的食物，更好的楼房——这些短缺的东西——让自己生活得更幸福。现在时代变了，这些不再是幸福感的决定因素了。"

我们可能需要在衡量经济成功的指标中再加入一些因素，包括环境质量、闲暇时间和幸福感——一些政府已经在考虑这种趋势。以国内总幸福感（而非国内生产总值）为导向，人们可能更倾向于利用生产率的提高来减少工作时间，而不是增加工资。这听起来可能像乌托邦，但一些社会已经开始把幸福感的价值置于物质之上，比如不丹王国，以及北美洲西海岸一些原住民的炫财冬宴文化，他们会将财产重新分配。"我觉得这样的制度并不违反人性。"同在波特兰州立大学的生态经济学家罗伯特·科斯坦萨（Robert Costanza）说。

在经济问题之后，新文明需要处理的下一个问题是政府问题。我们将假定某种形式的民主是最好的，尽管在细节方面可能还需要一些讨论。但更大的问题是，需要多少个独立的政府呢？毫无疑问，这个问题将引来很大的分歧。

一方面，人类是以小群体为单位演化的，而我们能最好地应对挑战的组织方式，也是以相对小的群体进行的，比如以大约150人组成的群体为单位，牛津大学人类学家罗宾·邓巴说。他说，政府单位若不大于瑞士的一个州，便可以担负起这种责任以及实现地方上的控制，而再大的话则不行。

另一方面，人口流动性的增加、通信和技术的增强，以及人口的绝对规模，都意味着许多问题变成全球性的。"如果有一份每10年出版一次的报纸的话，我们这个时代的大标题会是什么？"波士顿的智库特勒斯研究所主席保罗·拉斯金（Paul Raskin）问道。他认为，这个10年一期的"《纽约时报》"将追踪真正的重大事件的发展，它的标题将类似于"历史已经进入了行星阶段"。正如几个世纪前的事件推动中世纪城邦合并成国家那样，全球性的问题现在迫切需要全球性的解决方案，他说。这需要某种形式的全球性治理，至少要设定大的目标——比如生物多样性标准，或者全球排放上限。朝着这些目标，地方政府可以找到自己的解决方案。

我们所有的设计工作都是为了创造一个可持续、公平、可行的新文明。但是，为了让我们的新社会历久弥新，许多可持续性研究者都强调一点：效率不要太高。

罗马帝国和玛雅人的文明史表明，它们在气候稳定时期急剧扩张。统治者们知道他们能够利用已有资源做多少事。例如，他们可以用一条运河灌溉多少个农田，或者为下一代留下多少森林。这些都起了作用，文明繁荣起来，气候也发生了变化。"最后，他们让自己的发展变得很高效，但是当环境开始变化的时候，他们就发现自己过度建设了。"加拿大艾伯塔创新研究所的环境经济学家斯科特·赫克伯特（Scott Heckbert）说，他模拟了曾经的帝国衰落和人民的崩溃。

但最终，人类文明不会永远存在。每一个社会都会遇到问题，然后以最方便的方式解决问题，而每次这样做，都会加剧其复杂性和脆弱性。"你永远不能完全预料到你所做的事情的后果。"泰恩特说。每一种文明都播下了自己最终灭亡的种子——不管我们如何精心规划我们的新建设，最多也只能指望不可避免的事情来得更迟一些。

100 个孩子能在孤岛上重建文明吗?

如果没有语言、文化或工具,人类的孩子会变成什么样,而孩子的孩子又会怎样进化呢? **克里斯托弗·肯普**开始了一项被禁止的实验。

这个岛是个陌生的地方。由于战争的蹂躏,杂草丛生,暗藏危机。白天,太阳爬上天空,一片安静祥和。然而,随着阴影在树丛中聚集,从森林的树冠上爆发出一阵啸声,在岛的上空回荡。片刻之后,从岛的另一边丛林密布的山谷中爆发出一阵回响。一阵啸声,一阵回响。然后,便又回归沉默。

声音再次响彻树梢。先是啸声,然后是远方的回应。高亢的声音此起彼伏,虽然只是喊叫,但仍然传递着信息:猎人们回家了。他们一个接一个地从树丛中出现,小心翼翼地走进一片广阔的沙湾。一共有 5 个人,都是男性。他们的身体瘦削有力,携带着一些简单的工具——锤石、磨尖的木棒和骨头。

在海湾的尽头,他们遇见了另一群猎人。两群人发出原始的声音彼此示意,然后合二为一。他们走向树木生长线旁边的一片营地,那里有妇女和孩子在等待着他们。这是岛上的部落之一。只不过这岛不是真的岛,猎人也不是真的猎人。没有营地,也没有等待着的妇女和孩子。它们都只是一个思想实验想出来的景象而已。

　　这个思想实验是这样的：许多年前，一个冷血的科学家把100个婴儿放在一个无人居住但却物产丰富的岛屿上，其中一半是男孩，一半是女孩。岛上只有最低标准的生活条件来维持他们的生存，岛上有食物和水，但却小心地隐藏了起来。必要时，他们会得到相应的保护，免受伤害。多年来，孩子们没有接受过任何正常的抚育：没有语言，没有教育，没有文化。后来，给他们提供的食物和水慢慢地减少，到最后停止一切供给。20年后，他们变成了什么样？他们和我们有什么不同？他们仅仅是没有毛发的猿类，还是保留了他们作为人类的特征？或者，更简洁地说，当人类在没有文化的情况下长大，他们到底能否创造文明？

　　在人类血统从黑猩猩分裂出来的600多万年中，进化赋予了我们很多属性，使我们成为这样：两足行走，无毛，拇指对立，有着长时间的童年和一个庞大而复杂的大脑。但仅仅是这些特征还不能使我们成为人类。我们的许多特征，如语言、艺术、技术、叙事和烹饪，都是通过文化传播的。它们虽然是我们的生物学产物，但并不完全由基因编码。相反，它们通过社会学习代代相传，随着人类的进化而发展。

　　这两种力量（生物学进化和文化进化，亦称"先天遗传"和"后天培养"）的贡献孰重孰轻，已经争论了几个世纪。我们的人性中有多少是与生俱来的，又有多少是取决于培养我们的文化的？例如，语言和宗教是天生的吗？我们生来就是暴力的吗？

　　将生物学进化和文化进化分开极其困难，它们相互作用，相互促进。但是有一个实验可以把它们分开。由于伦理的原因，在现实世界里是不可能做到的，但有可能以思想实验的形式来推测。这就是前文介绍的岛上实验。

20年后，这些婴儿变成了什么？我们不能确定。但是我们的思想实验可以借鉴各种科学学科的研究成果，包括对狩猎采集者的研究、鸟鸣的演变、手语的发展，以及对在孤儿院长大的儿童的研究。没有人能提供完整的答案，许多科学家甚至不愿去猜测。有人认为这个项目疯狂而极具诱惑力，另一些人则认为它充满幻想、缺少逻辑。一个潜在的声音将这项运动驳斥为"神志恍惚的大学生的谈话"。

然而，其他人对其可能结果的想象却充满热情。"我的研究领域是语言学，所以关于这个问题我已经思考了很多。"位于纽约市的巴纳德学院的心理学家安·森哈斯（Ann Senghas）说，她对尼加拉瓜聋哑儿童的手语进行过研究。这种语言在1977年自发出现于尼加拉瓜首都马那瓜的一所聋哑学校中，现在已经一代接一代地流传下来，像所有口语一样迅速发展。

从语言学上讲，这是非常难得的，因为这些手语使用者们从未学过口语或唇语。但他们发明了一种语言，具有与其他语言相同的复杂语言特征。森哈斯说，这是对大脑具有固有语言结构的理论的支持。20世纪60年代，语言学家诺姆·乔姆斯基（Noam Chomsky）提出，人类天生就有一个"语言习得装置"——一个假想的大脑模块，它使婴儿和蹒跚学步时期的我们倾向于学习我们所在环境中的语言。而且，若语言习得装置从未接触到语言的话，它也会自己发明一个。

那么第一代岛民会说话吗？森哈斯说："有些人会认为，因为这么多的语言都是天生的，所以第一批人马上就会发明出自己的语言。

但我认为他们不会。"

但是他们会像尼加拉瓜的孩子一样，发明交流的方式。森哈斯说："第一代孩子会发展出一些非语言交流的方式。我敢打赌，他们至少会想出使用手势的方法。我想他们也可能会用喊叫的方式。显而易见，语言表达是有效的：你可以从远处召唤人，你也可以一下子给很多人发出警报。"

所以，当岛上的第一批居民长大后，很可能会互相大声喊叫。他们的声音可以穿越树梢。森哈斯说，更有趣的是后代语言的发展，这是她所期待的。

这一发展会相对迅速。她说，几代人以后，岛上的居民就会说他们自己独特的语言了。为了支持她的说法，森哈斯指出，对斑胸草雀鸣唱特征的研究表明，鸟类的发声——可能人类的发声也一样——一开始是遗传下来的，而后来则被环境因素塑造。"只有雄鸟会鸣唱，而雄性雏鸟的歌是从父亲那里学到的。"森哈斯说。

若这些雄性雏鸟在没有成年雄性的情况下长大，它们就无法学习它们的代表性歌曲，但仍然会鸣唱。"它们会发展出一些古怪的歌曲，听起来不像是斑胸草雀很自然唱出的歌，而像是一种白噪声。"森哈斯说。

当这些雏鸟达到成年开始交配时，它们会把这种奇怪而不和谐的歌曲教给后代，但是不可思议的事情发生了："下一代的歌就有点儿像斑胸草雀自然唱出的歌了。"之后的一代又会更像一点儿。"只需要五代，歌曲就会完全成熟。"

第一代岛上居民可能不会发展出语言，但他们的大脑具有所有必要的结构和神经通路。就像一只受父亲不着调的歌声熏陶的斑胸草雀雏鸟一样，每一代的岛民都拥有并发展出比上一代更完善的语言。森哈斯说："我认为这需要一两代人的时间，但用不了多少代，他们就能发展出一种和我们平常所说的语言一样丰富和发达的语言。"这对岛民来说是至关重要的突破。一旦拥有了语言，思想的文化传递就变得容易了。

美国自然历史博物馆的古人类学家伊恩·塔特索尔说，在开始讲话之后，他们就开始给事物命名。最终，岛民会做一件所有人类文明都会做的事情，而这件事情也许在20万年前复杂的语言出现之后不久便出现了：互相给对方起名字。

在很多方面，我们的第一代人仍然是人类。即使没有文化，数百万年的生物演化也已赋予他们复杂的大脑和许多明显的人类特征。他们不会一夜之间再变成猿猴。

供职于牛津大学、用进化论来研究冲突和合作的多米尼克·约翰逊（Dominic Johnson）说，事实上，如果有来自火星的动物学家到访地球并研究地球上的居民，研究岛民比智人更好，更具启发性。

他说："我们的生理机能和行为曾经是为适应在荒凉的野外生活，那里资源荒芜，人烟稀少，是我们的自然栖息地。我们原本的设计绝不是为在遍地都是快餐店的现代大城市里生活。"

约翰逊说，随着时间的推移，岛民可能开始形成现代狩猎采集群体。"狩猎采集者为我们提供了一扇窗户，使我们可以了解人类的本性，以及当人类未被现代文化包围时会自发出现的东西。"他说。例如，岛民可能会发明工具并使用它们来完成许多任务。开始时的工具很简单，之后会通过不断试错慢慢发展起来。一块沉重的石头就可以是一种工具，挥动它可以砸碎东西；而带有可以用来切东西的锋利边缘的碎石头，则是一种更好的工具。

约翰逊说，岛上的生态也会发挥作用。新几内亚和西藏的部落群体彼此大不相同，他们的生活从根本上取决于周围的环境。孩子们只能使用他们在岛上找得到的东西来制造工具，也许他们会去学习用鱼骨来制作鱼钩。他们只能收获和食用那里生长的东西，只能捕猎岛上及其水域中的动物。随着时间推移，通过反复尝试——以及犯下代价高昂的错误——他们知道了吃什么东西是好的，是安全的，并且把这些知识传递给彼此和他们的后代。

他们愿意成为实验者，更愿意成为学习者。人类似乎从演化中获得了一种学习和模仿的趋势，尤其是成功的个体。以这种方式，文化逐渐进步和传播，在先前的发现之上建立新发现。与居住在寒冷地带或山区的群体不同，岛上的人赤身裸体：他们不需要发明衣服。

伦敦卫生与热带医学院的行为科学家、《获得控制权：人类行为如何演化》一书的合著者瓦尔·柯蒂斯（Val Curtis）说，不管环境如何，岛民都会适应它。柯蒂斯说："大脑是个学习的机器，我们的头脑预先具备了能使我们适应环境的结构。"

例如，如果孩子们要打开一个坚果，他们凭直觉就知道，用石头可以让他们很快打开。"我认为这些被遗弃的孩子们很快就会熟悉他们的环境，并发现哪里可以找到或建造住所、床以及工具。"柯蒂斯说。他们开发的每一件工具都会比上一件更为精妙。

森哈斯说："但是你知道吗？他们要花很长时间才能制造出轮

子。"掌握火，以及开发像斜坡和滑轮这样简单的装置需要数千年的时间，这和人类第一次掌握这些技巧所需的时间大致相同。"杠杆、轮子、火和炊具等日常生活用品的产生需要辛苦的工作和反复实验，以便能够传到下一代。"她说。

柯蒂斯说，还有一些其他的人类特征是这些孩子们（以及长大后）会很快获得的：他们会笑，会哭，会唱歌，会跳舞。约翰逊说，他们至少会数到二，甚至更大的数字。但他们不知道零的概念，这个概念是向茫茫的无知黑暗中迈进的一大步。尽管对西方人来说，在某些方面他们可能显得未开化，但他们也会表达出憎恶之情，荷兰阿姆斯特丹自由大学的社会心理学家乔舒亚·塔布尔（Joshua Tybur）说。

憎恶是一种重要的保护机制，它保护我们免受环境中潜在的危险。塔布尔说："和许多其他物种一样，我们也有检测病原体和赶走病原体的适应能力。憎恶是适应的一种方式。我敢用我所拥有的一切打赌，这些孩子成年的过程中一定会经历憎恶。"这些基本的情绪和其他情绪（愤怒、喜悦、悲伤、惊奇和恐惧等）都是固有的生物学特征，无论文化是否存在，他们都会出现。

部落之间会展开一场永无休止的战斗。先是小冲突，然后是偷袭和突袭，紧接着是正面攻击以及反击。战斗有时会持续数天。几乎从孩子们被放在岛上开始，他们就会组成群体，芝加哥大学的文化人类学家理查德·施韦德尔（Richard Shweder）说。"至少会形成两组，但也许更多。"他说。部落主义似乎是我们生物学组成要素的一部分：它可以在实验室里被人为地诱导，比如通过分发不同的T恤衫等平常的事情，或者根据眼睛颜色把人区分开。

群体的形成有利于合作，但也助长了冲突。"人们会信任团队内部的成员，而不是外部成员。"施韦德尔说。群体之间不会共享资源。如果因为任何原因，岛上的食物或其他物质变得有限，部落就会因而发生冲突。

以传统狩猎采集者为模板，约翰逊预测了岛上的人会形成的几个不同的部落。这100个婴儿代表着一个庞大的群体，可能太过庞大，以至于无法长期保持凝聚力。

他说："小型狩猎采集带的大小各不相同，但通常由几十个成员组成，成员间多多少少有些亲戚关系。这意味着我们的岛上最后可能会有4~5个群体，他们是彼此的潜在对手。"部落会互相争夺一切：空间、食物、工具，以及统治权。

即使在一个群体内，也会有等级和分歧。施韦德尔说："他们会开始侮辱那些不守规矩的人，那些人会遭到驱逐。"通过驱逐不顺从的成员，岛民开始建立起一种合作、可预见并提倡平均主义的文化。

施韦德尔说，群体可能也会根据性别来划分，"男性投入生育行为的时间极短，他们只需要性交，然后射精，把怀孕的事情留给女性就可以了"。

男性很可能会互相或从其他群体中偷走女伴。"我们可以期待，为争夺女性，男性之间的竞争相当激烈。"约翰逊说。施韦德尔说，男性占有支配权而把女性在群体之间交换的父权制，是传统人类社会，特别是定居人群社会的普遍特征。

岛民的性行为很可能是私下进行的。英国杜伦大学的考古学家保罗·佩蒂特（Paul Pettitt）说，早些时候，该岛是一个性竞争环境，人们公开进行性行为，与黑猩猩群体没有什么不同。但这种情况将会改变。佩蒂特说，随着社会复杂性的增加，人们意识到配对结合更加有利——一种性别的人负责生孩子并抚养他们，而另一种性别的人负责捕猎并提供高质量的食物——隐私将很快成为人人需要的好东西。

柯蒂斯说，女人会在本能的驱使下生出孩子，并让婴儿茁壮成长。"母亲会想办法阻止孩子的哭闹，因为哭闹的孩子让人烦，而开心的孩子才好带在身边。"施韦德尔说。照顾脆弱后代的艰苦工作也可能会产生性别上的分工，男性负责狩猎，而女性在孩子身边承担较低风险的任务，例如采集植物等。

一开始的人口增长速度将非常快。部落将分散占领岛的不同部分，然后战斗一触即发。约翰逊再次以狩猎采集者为模型进行分析，他说，在艰苦的时期，比如遇到干旱或洪水时，一些部落可能会聚集在一起，形成一个更大的群体；而当困难时期过后，他们就会再次分裂。

但他们的群体永远不会超过150人。这就是一个人能维持稳定的社会关系的人数极限，也被称为邓巴数。最终，岛上的每个部落都会发展出自己的语言。而且，在不断的冲突之间，这些群体将开始形成法典，文明将由此诞生。

各部落甚至会开始形成自己的宗教信仰，耶鲁大学心理学家科尼卡·班纳吉（Konika Banerjee）说。她于2013年写了一篇科学论文，题为《人猿泰山会信上帝吗？——宗教信仰产生的条件》。班纳吉问道："这些孩子长大后会有宗教信仰吗？我的猜想是，假设社会认知发展到了某种典型程度，我们可能会看到某些准超自然的直觉。"

她说，作为早期发展的一部分，孩子在理解世界时将出现认知偏见。"人类是一个多产的创造性物种，我们会提出各种各样的理论、解释和思想来理解世界。"

他们可能认为，岩石和树木等是为了某个目的而设计的，而生活中的事件有着更深的意义。随着时间的推移，岛民会开始崇拜一位神，或者很多位神。这种情况不会很快发生，但终究会发生。

约翰逊说："根据我们大脑中的理论，我们倾向于认为事情都是有原因的。但要让一个文明开始崇拜神，还得再过上数百年。"

最终，死亡降临到了这个岛上。"假定孩子们会有像我们这样的大脑，他们不用太久就能意识到自己必将死亡的命运。"佩蒂特说。他写了一本书，叫作《人类墓葬的旧石器时代起源》。"他们将发挥想象力，利用宗教来克服对死亡的焦虑，给予令人欣慰的、对来世的信念。"

佩蒂特说，根据我们所知的我们的祖先对死亡的反应，岛民很可能会迅速发展出葬礼仪式。死亡引发了一系列的社会活动。随着群体规模的增长，仪式变得更加细致，并成为规矩。每个部落都有自己的墓地，它们静静地在岛上偏居一隅，无人问津。这里便是死亡之地。

佩蒂特说："这些地方可能特别危险，例如有很多食肉动物。也可能是在大家的记忆中留下死亡痕迹的地方，或者只是那些看起来有点儿阴森的地方，让处于发展初期的想象力开始发挥了作用。"

有时候，岛上的居民会在死亡之地周围的树木和岩石印上彩色的手印，并在树枝上挂上用岛上盛产之物制成的"珠宝"——抛光的贝壳、干燥变硬的海马等——作为装饰。符号代表着一切。岛上居民把死亡之地的符号也涂抹在自己的身体上。

仅仅经过了几百年时间，岛民们就有了传统和文化。他们看起来和我们一样，或者至少和早先的我们一样。

这只是一种可能的结果。在众多的其他结果中，还有另一个结果绝对值得一提：20年后，在荒芜的海岸线上只残留一块小骨头，成为实验曾经进行过的唯一证据，其他什么也没有留下。森林寂静无声，岛民也都消亡殆尽。

塔特索尔相信这是最有可能的结果。"没有人会幸存下来。人类是无法独立于文化和社会存在的，我们走了很长的路才成为人类。从哺乳动物的诞生，到灵长类的诞生，再到现在，经历了不知道多少万年。"塔特索尔说。即使是我们认知发展的最基本的方面，也依靠于可以说话的父母的培养，并植根于丰富的历史文化中。

哈佛大学认知科学家史蒂芬·平克（Steven Pinker）对此表示赞同。"这个思想实验是病态的。"他说。人类需要与社会接触：20世纪60年代，美国心理学家哈里·哈洛（Harry Harlow）在黑猩猩上做的实验表明，当灵长类动物被社会完全孤立时，其简单的社会行为都会表现出永久性的障碍。

对孤儿院里的儿童的研究表明，与成人和看护人的社会互动是儿童正常发展的必要组成部分。平克说："仅仅是彼此之间互相靠近，是无法拯救岛民的。"被迫脱离社会接触的被遗弃儿童在智商测试中表现得更差，在认知、运动和行为发展测试中得分也更低。换言之，即使是儿童所具备的先天能力，也需要一系列不同的灌输才能正常发挥作用。

对于那些在荒野中独自度过部分或全部童年的"野"孩子来说，这一点似乎也同样正确，但研究结论却不那么清楚，大多都争论得很激烈。"这就像把鱼从水里拿出来并通过观察它在地上挣扎，来研究它怎样游泳一样。"平克说。

我们无法知道结果到底如何。如果塔特索尔是对的，这个岛就会回归安静和清新。但也许在傍晚时分，当太阳沉入水面时，一阵啸声就会从森林深处响起，越过树梢，穿过小岛，告诉所有人：猎人们回家了。

如果我们能重新设计地球会怎样?

我们在大洋之间建造了运河,在海底建造了隧道。但据**迈克尔·马歇尔**(Michael Marshall)透露,一些工程师正在考虑比这还要更大的工程。

人们曾说这些工程永远不可能实现。然而,当你读到这里时,开凿一条连接大西洋和太平洋的新运河的工作应该已经开始了。修建这条长达278千米、横跨尼加拉瓜的运河需要搬运数十亿吨土,至少要花费500亿美元。如果它最终能完成,它将比巴拿马运河更宽、更深,长度是其3倍。它的赞助方声称这将是历史上最大的工程项目。当然,在提案中,还有比这更大的项目。"我们所有人都生活在被设计并建造的地方。"美国肯塔基大学的超大工程专家斯坦利·布鲁恩(Stanley Brunn)说。所以,想建造更大的工程是很自然的。

也许确实如此。但其中一些计划听起来像是"007"系列电影中的恶棍的计划,比如水淹加州死亡谷,或者捣毁巴拿马地峡。还有更大的工程,比如筑坝让整个海洋产生水电,其规模简直令人难以置信。下面列举了7个世界上最大的计划。我们真的会实施其中的一个吗?我们应该这样做吗?

筑坝大西洋

没有什么比这更大的工程了。我们可以建立一道横跨直布罗陀海峡的屏障，有效地把大西洋变成一个巨大的大坝水库。20世纪20年代德国建筑师赫尔曼·泽格尔（Herman Sörgel）首次提出了这个想法。随着流入地中海的水的减少，海洋将开始蒸发。海平面下降200米将可产生60万平方千米的新陆地。

这个被称为亚特兰特罗帕（Atlantropa）的计划对环境的影响非常大。最要命的是，地中海水位下降200米会使世界其他地区的海平面上升1.35米。"从政治上来讲是不可能的。"加利福尼亚州伯班克市的房地产顾问理查德·卡思卡特（Richard Cathcart）说。他是一名超大工程的热衷者，写过多篇文章和多本书籍。"学术界实际上不敢谈论这么宏大的想法。"卡思卡特说。

但考虑到由于全球变暖，未来几个世纪海平面将上升数十米，卡思卡特认为横跨直布罗陀海峡的大坝值得重新考虑。大坝不是用来降低地中海的水位的，而是为使水位保持在目前的水平上，以拯救低洼的农田，以及使威尼斯和亚历山大市等城市不被海洋淹没，尤其是埃及将会受益。事实上，水位上升的话将会淹没尼罗河三角洲的大部分地区，并使数百万人流离失所。

跨大西洋导水管

北非需要更多的淡水。距离最短的潜在水源是世界第二大河刚果河，但它的流域是一个动荡、危险的地区。那么为什么不去挖掘世界第一大河亚马孙河呢？你只需要一条管道，一条很长的管道而已。

横跨大西洋取水这个想法至少在1993年就已经形成了，当时海因里希·黑默尔（Heinrich Hemmer）将其发表在一本专注于各种奇思妙想的杂志上。他设想了一条4 300千米长的管道，每秒能携带10 000立方米的水，足以灌溉315 000平方千米的土地。

后来，这个想法就被搁置了。直到2010年，罗马尼亚布加勒斯特理工大学的物理学家维奥雷尔·伯德斯库（Viorel Badescu）和卡思卡特一起重新讨论了这个问题。他们建议将管道埋在海平面以下100米处，并每隔一段固定的距离就将其用锚固定在海底。管道必须至少有30米宽，并且有多达20个泵站以保持水流。淡水流将从亚马孙河出发——正如卡思卡特所说，那是"被南美洲大陆抛弃的水"。他估计管道大体上将耗资约20万亿美元。住在撒哈拉的居民们，从现在开始存钱吧。

可能一开始先建设一项规模更小的工程比较明智，也许可以先建设一条2 000千米长的管道，从水量丰富的巴布亚新几内亚向澳大利亚的昆士兰引淡水。2010年，商人弗雷德·阿里尔（Fred Ariel）宣布了一项耗资300亿美元项目的可行性研究计划。2014年，巴布亚新几内亚政府原则上批准了这一想法，但昆士兰表示，该计划并未在"积极考虑"中。

淹没洼地

1905年，加利福尼亚州的灌溉工程师们不小心淹没了一个海平面以下的洼地，导致形成了该州最大的湖泊——索尔顿湖。在过去几十年里，人们已经提出了许多淹没其他洼地的建议。

首要的正是位于埃及西北部的盖塔拉洼地，它位于海平面以下130米深处。它由19 000平方千米的沙丘、盐沼和盐田组成。人们希望引入北部距其只有50千米远的地中海海水将它淹没。主要的目的就是发电：如果水的流入速率与蒸发相同，就可以一直发电。这个"盖塔拉海"将变得更咸，但周围地区可能会享受到较凉爽、潮湿的天气。

这个想法自1912年以来一直存在，埃及政府在20世纪60年代和70年代对此进行了研究。盖塔拉人迹罕至，所以这一想法在政治上是可行的。最大的问题是建设规模太大，需要在地中海和洼地之间的一系列山丘下修建隧道，有一个建设方案还需要启用核弹。因此埃及最终放弃这个想法也就不奇怪了。

近期人们对这个想法又重新恢复了兴趣，这多亏了"沙漠技术计划"——在北非建造巨大的太阳能发电厂。伊利诺伊大学厄巴纳–香槟分校的核工程师马吉迪·拉吉卜（Magdi Ragheb）建议用管道将海水输送到山顶的存储设备中，以储存沙漠技术计划所提供的能量。当需要用更多的电的时候，这些水将被倒到洼地中，使涡轮机运转起来。这样就不再需要挖隧道了。

淹没像加利福尼亚州死亡谷这样的地方还有助于抵消气候变化引起的海平面上升。但是仅仅因为这个原因的话，倒不值得：即使我们淹没了世界上所有的洼地，也基本上不会有多大效果。

同时，索尔顿湖也并不是一个很好的范例。它确实繁荣了几十年，但现在正濒临干涸，甚至消亡。大多数鱼再也无法在越来越咸的水中生存，而不断的恶臭和有毒的灰尘也正迫使居民们离开。

连接亚洲和北美洲

连接亚洲和北美洲的最明显的地方便是夹在俄罗斯东北角和阿拉斯加州之间的白令海峡。海峡最窄处只有82千米，深度不超过50米。

从19世纪90年代起，人们就有了在此架设一座桥梁的想法。这将是最长的水上桥梁，但并不算太夸张。目前的纪录保持者是中国的青岛海湾大桥，它跨越了26千米宽的水域。但北极的条件，特别是海冰，是一个巨大的挑战。壳牌等石油钻探公司正试图进一步开发这片区域。

这可能是俄罗斯对隧道更感兴趣的原因。2007年，俄政府宣布了一项"统一铁路运输系统"的计划，即修建一条用隧道将西伯利亚和阿拉斯加州连接起来的铁路。10年后，仍没有开挖隧道的征兆，而且俄罗斯和美国的关系已经恶化。但也许中国会带这个头：2014年的《京华时报》报道说，中国的工程师们正在酝酿一条高速铁路计划，该铁路从中国开始，途经俄罗斯、白令海峡、阿拉斯加和加拿大，一直延伸到美国。

然而，这个办法可能不会使关系更加融洽。在英吉利海峡隧道将英国与欧洲大陆联系起来20多年之后，英国已开始脱离与欧洲的政治联盟。

印度洋上的大坝

哪里有狭窄的海域，哪里就会有人建议填上混凝土。这个想法通常是在某个地方筑上大坝，使得其中一侧的水位因为蒸发而下降，由此产生的高度差便可以用来发电。

多年来一直有各种各样的提案，而其中有两个较为引人注目。2005年，荷兰乌得勒支大学一位退休的地球化学家鲁洛夫·舒伊林（Roelof Schuiling）建议在中东的波斯湾筑坝，把它与印度洋阻隔开来。在其中一个地方，即霍尔木兹海峡，波斯湾的水域宽度只有39千米。这个想法不用很快去实施，因为目前那里还是油轮的重要运输路线。但是，舒伊林说，当这种贸易下跌时，筑坝挡住印度洋，使波斯湾水位下降35米，就可产生2 500兆瓦的电力。

还有一个更大的提案：在红海与印度洋交汇之前，横跨曼德海峡建一座大坝。这将需要建立一个从也门北部到厄立特里亚国或吉布提南部的100千米长的大坝墙。就连卡思卡特都称这"有点儿太疯狂了"。2007年，他、舒伊林和他们的同事估计它能产生大约50 000兆瓦的电力。

这些项目将降低当地海平面，制造更多的陆地。然而，与亚特兰特罗帕一样，它们会导致其他地方的海平面上升得更快。甚至，如果不与印度洋进行任何交换，这些海域中的水会逐渐变咸，最终破坏整个生态系统。

制造陆地

建造人工岛屿或半岛已经成为惯例，例如在迪拜，一些令人震撼的建造工程正在开展。但现有的方法需要很大的采石场，以及很深的海湾。舒伊林认为可以用一种更廉价的方式来制造陆地。他提出，向石灰石中注入硫酸使之变成石膏，会导致其膨胀到原来的两倍。因此，若有靠近海平面的石灰岩，便可制造新的陆地。

亚当大桥便是一个例子，它是由印度和斯里兰卡之间延伸35千米的一条狭长的浅滩组成的。舒伊林认为可以用他的方法建造一座陆桥，其造价比传统桥梁要低得多。

重连太平洋和大西洋

摧毁巴拿马地峡这条连接南北美洲的狭长地带，可以使太平洋和大西洋重新相连。地下核爆炸可以做到这点。随着陆地的消失，曾经环绕赤道的洋流将重新出现，据说这可以使气候更为稳定。

这种想法在巴拿马恐怕不太可能受到欢迎。此外，一些气候科学家认为，300万年前，这个缺口的关闭迫使热带大西洋的暖流向北流动，增加了北极的湿度和降雪，并导致北部大冰盖的形成。如果是这样的话，用核弹炸毁地峡将会加速格陵兰冰盖的消亡。

素食主义可以拯救世界吗？

很多人认为，放弃肉类是最环保的养活自己的方式。但**鲍勃·霍姆斯**发现，要想证明这一点还真是有点儿麻烦。

如果你是一个典型的西方人，你也许去年一年里就吃掉了将近100千克肉。这差不多是你的饮食中成本最高的部分，尤其是对环境而言。让人们少吃肉来拯救地球的呼声越来越高。2009年，在哥本哈根召开的全球变暖大会的筹备会议上，保罗·麦卡特尼（Paul McCartney）说："少一分肉量，少一分热量。"甚至《新科学家》杂志也建议大家少吃肉类，减少我们的环境足迹。

你也许会想，如果少吃肉是件好事，那干脆不吃肉岂不是更好？"在发达国家的世界里，从个人角度来看，减少饮食对环境影响的最有效方法是成为素食主义者或全素主义者①。"英国素食协会的首席执行官安妮特·平纳（Annette Pinner）说。这看起来很简单，但真的如此吗？为了找出答案，让我们想象一下，如果全世界的人都决定将肉、奶和蛋从饮食中去掉，然后追踪它们所产生的波及整个农业、环境和社会的影响，世界将会怎样？结果可能会让你大吃一惊。

---

① 前者仅仅是不吃肉类，但可以接受鸡蛋、牛奶等动物衍生品及皮毛等动物产品，而后者不接受任何有关动物的食品或产品。——译者注

　　根据联合国粮食及农业组织的数据，在2015年，全世界大约消耗了3亿吨肉、7.15亿吨牛奶和1.4万亿个鸡蛋。对环境而言，这是巨大的代价。所有的农业都会破坏环境——想想那些被砍伐的森林和被开垦的草原，那些灌溉用的水，还有粪肥、拖拉机燃料、杀虫剂和化肥。农业产生的温室气体比所有运输方式加起来还要多，并且造成了氮污染、土壤侵蚀等一系列其他问题。

　　畜牧业的危害最大。部分原因是大多数牲畜吃的谷物原本可以用来养活人类。牲畜所吃的谷物中，只有10%能转化成肉类、牛奶或鸡蛋，因此畜牧业让我们不得不种植更多的谷物，从而增加了农业对环境的影响。

　　我们可以做一个粗略的度量，假设牲畜消耗了世界上1/3的粮食作物，那么，全素主义世界只需要今天所使用耕地的2/3。当然，这只是事情的一个方面：肉类和牛奶占人类所摄取热量的15%，所以我们需要吃更多的谷物来补偿这些损失。总的来说，改吃素食将减少21%的作物用地——大约340万平方千米，大约相当于印度的国土面积。

　　这一减少会大大影响农业对环境的作用。举个例子，氮污染可导致湖泊富营养化。作为一个小规模的例证，位于美国弗吉尼亚大学的环境科学家艾莉森·利奇（Allison Leach）计算出，如果她所在大学的每个人都从饮食中去掉肉类，就会将大学中的氮足迹——所有活动释放到环境中的氮的数量——减少27%。这主要来自化肥使用量以及粪肥中氮的流失量的减少。利奇发现，如果每个人都更进一步，再去掉乳制品和鸡蛋的话，该大学的氮足迹将减少60%。

　　牲畜对环境的影响不仅仅是通过氮。虽然很难得到全球的统计数据，但至少在美国，家畜与55%的土壤侵蚀和37%的农药使用有关。此外，我们生产的抗生素中有一半被用来喂养家畜，通常作为其正常饮食的一部分，这种做法导致细菌产生了抗生素耐药性。

这还不是全部。牲畜也是温室气体的主要来源。其中大部分是甲烷——一种特别有效的温室气体，由牛羊等草食动物肠道中的微生物产生，并最终排放到大气中。畜牧业也制造了大量的二氧化碳，主要是由于森林被砍伐成为牧场，或者过度放牧和由此造成的土壤侵蚀导致土壤中碳的净损失。据联合国粮食及农业组织2006年的一份报告显示，如果把所有这些因素加在一起，以二氧化碳当量来衡量的话，家畜造成的温室气体排放占总量的18%之多。因此，消灭牲畜肯定会对控制全球变暖起到很大的作用。

但到底这个作用有多大，取决于用什么来替代牲畜和放牧用的土地。当然，在退牧还林的地区——特别是在像亚马孙盆地这样的地方，70%的林地现在都变成了牧场——再生的森林将吸收大量的碳。而如果停止放牧，美国平原也会在土壤中积聚碳。但是在撒哈拉以南的非洲，家养食草动物所减少的甲烷排放量至少部分会被野生食草动物和白蚁等的甲烷排放量的增加所抵消，而后两者是前者的食物竞争者。"这个问题当然值得花点儿时间去研究。"国际家畜研究所的农业系统科学家菲利普·桑顿（Philip Thornton）说。

一个不吃肉的世界在许多方面都会更加环保：农田少，森林多，因此可以想见，生物种类会更多，温室气体排放更少，农业污染更少，对淡水的需求量更少等。显然，如果肉类、牛奶和鸡蛋以破坏环境的罪名在审判中被起诉的话，控方将稳操胜券。并且这并不涉及动物福利问题。

不过先等一下，如果每个人都不吃肉的话，我们也会付出巨大的代价。诚然，现在饲养大多数牲畜所用的都是人们可吃的谷物，但并不是非得如此。在人类历史的大部分时间里，牛、绵羊和山羊都被放养在不适合耕种的土地上，这样一来，他们就把不可食的草变成了可食的肉和牛奶。即使在今天，养殖绵羊或山羊也是从边际土地上获取食物的最有效途径。在这个世界上，超过10亿人口没有足够的食物，不利用这些土地进行生产只会导致粮食进一步无法保障。此外，在半干旱或丘陵地带，适度放牧所造成的生态破坏可能会比种植作物要小得多。

即使是缺乏对草的消化机制的猪和鸡也不需要谷物。相反，它们可以依靠剩菜和它们能吃的食物生存。牛津大学环境中心食品气候研究网络负责人塔拉·加尼特（Tara Garnett）说："家养的猪有效承担了垃圾箱的功能。你把剩菜给猪，它们处理你的垃圾，你还能吃上肉。"以这种方式饲养，家畜增加了人类饮食中的卡路里和蛋白质，同时处理了大约30%~50%将被浪费掉的食物——在一个没有肉的世界里，这些食物只能被浪费掉了。大多数养猪场和养鸡场都没能利用这个优势，因为动物吃的是商用的谷物饲料。

还有一个不利因素是动物副产品的消失。如果没有畜牧业，我们就必须找东西来替代每年产自畜牧业的1 100万吨皮革和200万吨羊毛。不仅如此，许多农民会失去粪肥，尽管动物肥料的使用不如以前那么重要。"在所有主要农业国家，粪肥已成为氮的次要来源。也不是说这不重要，但它可能仅占总氮的不到15%。"加拿大马尼托巴大学环境科学家瓦茨拉夫·斯米尔（Vaclav Smil）说。

即使是狂热的素食主义者也承认，乳制品甚至肉类在贫穷国家可能是好东西。"尽管毫无疑问，大量减少肉类消费会对环境有利，但当我们说'全世界都吃素是最好的解决办法'这种话时必须要想清楚。"平纳说。对于世界上多达10亿最贫穷的农村居民来说，一两只动物可能是他们赚到额外收入时唯一给自己的回馈，而一点儿动物蛋白也可使他们勉强维持生存的饮食大为改善。

如果我们只是决定吃素食，而不是全素，那会怎样？毕竟，牛奶和鸡蛋是产生动物能量的非常有效的方法，仅次于工厂饲养的肉鸡。不幸的是，一个完全的蛋奶素畜牧业系统在实际上是不可行的。"很难做到在饮食中没有肉而只有牛奶，因为没有肉就不能生产牛奶。"奥地利维也纳社会生态研究所社会生态学家赫尔穆特·哈伯尔（Helmut Haberl）说。奶牛必须每年产犊以产奶，而牛犊中只有一半是雌性。虽然许多素食主义者认为有道德上的理由不杀或不吃雄性或"退休"的奶牛，但肯定也没有理由浪费这么多肉。类似的论点对蛋鸡来说同样适用。

因此，即使一个不吃肉的世界听起来不错，但这样一个乌托邦式的未来中很可能还会有一些动物产品。我们说的是肉类，而不仅仅是牛奶和鸡蛋。真正的问题是，我们到底想要多少肉，又将如何生产呢？答案取决于你如何看待这些问题。最直接的方式是假设世界将继续对肉类有更多的需求。这就是目前的情况。

在这种情况下，必须以用最低的环境成本生产最多的肉为目标。这意味着在田园牧场自由放牧的牛和羊将更少，而更多的动物，尤其是鸡，将被挤进饲养场或高密度的围场中。"如果你打算保留一些畜牧系统，我认为你会选择保留集约型畜牧系统。"斯坦福大学的农业经济学家沃尔特·福尔肯（Walter Falcon）说。

这是因为牧草放牧本身效率很低。动物消耗大量的能量在野外游荡，以相对难以消化的草为食。它们生长得比饲养场的动物要慢，因此在它们的一生中也会放出更多的甲烷。例如，根据联合国粮食及农业组织报告中的数据，美国牧场里的一头牛每年排放50千克的甲烷，而饲养场里的牛只排放26千克。

但即使在饲养场中饲养母牛，效率也比工业饲养猪或鸡要低得多。虽然饲养场的母牛主要以谷物为食，直接与人类争夺食物，但它们相对擅长将饲料转化为肉类，同时产生很少或不产生甲烷。这会降低环境成本：根据丹麦奥尔堡的可持续发展咨询公司2.-0 LCA的伯·韦德玛（Bo Weidema）的分析，1千克工业鸡肉相当于3.6千克二氧化碳当量的温室气体排放量，而1千克猪肉相当于11.2千克的排放量，1千克牛肉相当于28.1千克的排放量。

当然，这种集约化的经营也会导致其他问题，特别是大量粪便的处理。理论以及越来越多的实践表明，这种粪便中的大部分可以用来生产沼气和发电。如果美国所有的畜禽粪便都这样处理，那么每年可以减少1亿吨的温室气体排放，相当于发电排放量的4%。在适当的激励下，集约化的畜牧场对环境的破坏可能会比现在更少。

但是还有另一种选择：把牲畜当作生态系统的一部分。加尼特设想让动物回到它们最初作为废物处理者的角色，吃剩饭剩菜，在不适合农作物的土地上放牧。她说："在这种情况下，每只动物的甲烷排放量将更高，但总体排放量将更低，因为动物数量将会减少。"

当然，更少的动物意味着更少的肉类。少了多少，没有人真正知道。加尼特指出，初步估计全球大约一半的肉类生产来自集约化的动物专属农场，但在生态学视角下，这些农场是不被允许的。其余的肉类产生于那些让动物在贫瘠的土地上吃草而不给吃谷物的牧场——约占今天总数的10%——以及大量的混合农场，在那里家畜以残留谷物和其他剩余物为食。

在这样的未来里，我们需要对我们所吃的食物种类进行重大调整。人们需要少吃肉类，尤其是在无肉不欢的西方。不仅如此，我们还必须改变我们吃的肉的种类。"你若给你的鸡喂剩饭，让它们自己啄虫子吃，你的鸡就养不肥。你只能养出一只骨瘦如柴的鸡。"加尼特说。

人们真的会接受一周只能吃一两次昂贵的散养牛肉和瘦弱的圈养鸡吗？当然目前大多数人都不会，人们还是更看重价格和丰富度而非环境的影响。但是情况可能会慢慢改变。考虑到如果全世界的肉类产量继续上升，将会出现森林破坏、土壤侵蚀、水污染和温室气体排放等后果，一些人已经开始少吃肉类了。当然，重点是"少"，而不是"无"。为了达到最佳效果，肉类应该稀缺有度。

如果没有国家，世界将会怎样？

民族国家给我们造成了一些很大的问题，比如内
战、气候方面的不作为等。科学表明，有更好的方法来
运行地球，**德博拉·麦肯齐**（Debora MacKenzie）说。

让我们设想一个没有国家的世界。想象一张没有被清晰的边界、
政府和法律分割成整齐、多彩的一个个小块的地图。试着描述我们
社会所做的任何事情——贸易、旅游、科学、体育、维护和平与安
全——但不要提及国家。试着描述一下你自己：你有权获得一个或多
个国籍，有权改变它，但无法一个国籍也没有。

地图上那些彩色的小块可能是民主政体、独裁政体或者更加混乱
的政体，但实际上怎么称呼都是一回事：民族国家，在自治状态下有
权自决的"人民"或民族所拥有的主权领土。现在拥有193个成员国
的联合国就是这样定义的。

从苏格兰人投票赞成独立，到"圣战"组织在中东宣布建立新
的国家，越来越多的人想要成立自己的国家。今天的许多重大新闻故
事，比如加沙和乌克兰的冲突、移民分歧、是否加入欧盟，都与民族
国家有一定的关系。

即使在如今经济全球化的状态下，民族国家仍然是世界上最重要
的政治制度。近期的欧盟选举中，民族主义政党获得了大量的选票，

这证明民族主义依然存在——即使欧盟试图超越它。

然而，经济学家、政治科学家甚至各国政府越来越感到，民族国家不一定是我们管理事务的最好方式。像粮食供应和气候等重要问题，我们必须在全球范围内处理，但各国的议程却一再凌驾于全球利益之上。在较小的范围内，城市和地区行政部门似乎能比国家政府更好地为人民服务。

那么，我们应该如何形成组织呢？民族国家是一个自然的、不可避免的制度吗？或者在全球化的世界里，它已经不合潮流，甚至危险了吗？这些不是通常的科学问题，但是情况正在改变。复杂性理论学家、社会科学家和历史学家正在使用新的方法来解决这些问题，而答案并不总是你所期望的。民族国家绝非永恒存在，而是近代才产生的现象。随着全球环境复杂性的不断上升，它已经开始逐渐变成新的政治结构。做好踏入"新中世纪主义"的准备吧。

伦敦政治经济学院的约翰·布勒伊（John Breuilly）说，在18世纪下叶之前，没有真正的民族国家。如果你穿越欧洲，没有人会在边境线上要求你出示护照；我们所熟知的"护照"和"国界"在那时都不存在。人们的种族和文化身份不同，但这些并没有真正反映他们生活的政治实体。

这又回到了研究人类最早出现的政治体制的人类学和心理学问题上。我们起初是流浪的大家庭，后来组成了更大的狩猎采集群体，然后在大约10 000年前在乡村定居下来。这样的联盟有助于适应环境，因为人们可以通过合作来养活和保护自己。

但它们也有局限性。罗宾·邓巴已经表明，一个人只能与不超过

150人保持社交关系。不管是历史上的村庄和军队单位大小，还是脸谱网朋友的平均数量都证实了这一结论。

但交更多的朋友还有一个重要的原因：战争。"在小规模社会中，10%~60%的男性死亡都是战争造成的。"康涅狄格大学的彼得·图尔钦（Peter Turchin）说。更多的盟友意味着更高的生存机会。

图尔钦发现，在古代欧亚地区，战争最激烈的地方，帝国规模最大，这表明战争是政治扩张的主要因素。斯坦福大学考古学家伊恩·莫里斯（Ian Morris）解释说，随着人口的增长，人们再也找不到躲避敌人的空地，因此战败者就直接被吸收到敌人的领地中，领地也变得更大。

他们是如何超越邓巴数的呢？人类普遍的答案是等级制度的发明。几个村子在酋长的领导下结盟，而几个这样的联盟在一个更高的酋长领导之下合并在一起。为了发展，这些联盟增加了更多的村庄，而如果必要的话，还会增加更多的层次结构。

等级制度意味着领导者可以协调大群体，而无须以个人身份与超过150个人联系。图尔钦说，除了他们的邻近圈子之外，平均而言，一个人还会与一个更高层级的人，以及8个更低层级的人互相联系。

美国新英格兰复杂系统研究所的亚尼尔·巴尔-亚姆说，这些联盟会继续扩大，复杂性也继续增加，以便从事更多种的集体行动。一个社会要想生存，其集体行为必须与它所面临的挑战——包括来自邻国的竞争——一样复杂。如果一个群体采用了等级社会的制度，它的竞争对手就也得这么做。于是等级制度传播开来，社会复杂性也增加了。

　　更庞大的等级制度不仅更容易赢得战争，而且可以通过规模经济养活更多的人，这促进了技术和社会创新，如灌溉、粮食储存、档案记录和宗教统一等。紧接着，城市、王国和帝国渐渐形成。

　　但这些不是民族国家。一个城市或地区可能被一个帝国征服，不管它的居民的"国家"身份如何。"把国家看成是政治所必要的框架，且认为其像人类文明本身一样古老，这种观点是经不起推敲的。"德国莱比锡大学历史学家安德烈亚斯·奥西安德（Andreas Osiander）说。

　　一个关键点是，农业社会很少需要实际的治理。90%的人是不耕种就挨饿的农民，因此大部分是自我组织的。政府通过干预削减开支，实施基本刑法，并保持其在无争议领土上的和平。除此之外，它的主要作用是守住这些领土，或获得更多领土。

　　奥西安德说，即使到了后来，统治者也很少花时间治理。在17世纪，法国的路易十四把50万名士兵派往外国作战，但只有2 000名在国内维持秩序。在18世纪，荷兰和瑞士根本不需要中央政府。许多19世纪来到美国的东欧移民可以说出他们来自哪个村庄，但说不出他们来自哪个国家：国家对他们来说无关紧要。

　　布勒伊说，在现代之前，人们根据他们的统治者是谁来"纵向"定义自己。农民与当地市场之外的横向互动很少。国王还统治了哪些人，以及这些人跟自己是否有相同点，这些基本上都是无关紧要的。

　　这样的系统与今天的国家有很大的不同。如今的国家有明确的边界，国家里有很多居民。布勒伊说，在纵向效忠的体系中，权力在领主所住的地方达到高峰，而在边境地区则逐渐消失，并慢慢被纳入邻国版图。现代地图上，古代帝国被涂上了颜色，好像它们有固定的边界一样，但其实是没有边界的。此外，人民和领土经常出于不同的政治目的而被不同的权力机构所管辖。

巴尔–亚姆说，这种松散的控制意味着，现代之前的政治单位只能扩大一些简单行动的规模，如种植粮食、打仗、收集贡品和维持秩序等。有一些古代帝国，比如罗马帝国，在很大程度上做到了这一点。但复杂性，即社会可以集体执行的不同行动的种类数，相对还是较低。

复杂性被社会所能操控的能量所限制。对于大部分历史来说，这种能量本质上意味着人类和动物的劳动力。在中世纪晚期，欧洲操控的能量要多一些，尤其是水力。这增加了社会复杂性（例如贸易），同时也需要政府更多地参与管理。因此，权力下放的封建制度便让位于更强有力的中央集权君主制度。

但这些仍然不是民族国家。君主制度是由统治者来定义的，而统治者依靠相互承认——或者相反，靠几乎持续不断的战争来定义。然而，在欧洲，随着贸易的增长，君主们发现他们可以通过财富，而非战争来获得更多的权力。

1648年，欧洲的《威斯特伐利亚和约》宣布了现有王国、帝国和其他政体的"主权"——任何人不得干涉别国内政，从而结束了几个世纪的战争。这是向现代国家迈出的一步，但是这些主权实体仍然没有根据其人民的民族身份来界定。国际法据说就是起源于《威斯特伐利亚和约》，但"国际"一词直到132年后才出现。

当时，欧洲已经进入工业革命的转折点。巴尔–亚姆说，通过燃煤利用更多的能量意味着个体所进行的复杂行为，比如编织等，可以通过组织扩大规模，从而产生更加复杂的集体行为。

这需要一种全新类型的政府。1776年和1789年，美国和法国的革命创造了第一批民族国家，由其公民的民族身份而不是统治者的血统来界定。从这一时期的一个里程碑式的历史事件来看，布勒伊说："在1800年，法国几乎没有人认为自己是法国人。而到了1900年，他们都认为自己是法国人了。"他说，由于种种原因，英国人更早就有了"英国人的感觉"，但这种感觉并没有作为一种民族主义意识形态表达出来。

1918年，随着像哈布斯堡帝国这样欧洲最后的多民族帝国在"一战"中被瓦解，欧洲国家的边界基本上已按文化和语言的界限重新划定。至少在欧洲，民族国家成了新的惯例。

此现象的部分原因是实际性的：政治控制的规模要适应工业经济运行的需要。与农业不同，工业需要钢铁、煤炭和其他分布不均匀的资源，所以多个小国家星罗棋布的状态便无法再维持下去。与此同时，帝国在工业化过程中变得臃肿，需要更多实际的治理。因此，在19世纪的欧洲，小国家互相融合，而帝国却发生了分裂。

这些新的民族国家因其在经济上的高效，以及作为其国民民族命运的实现而得到认可。然而，一批历史学家得出的结论是，是国家界定了各自的民族，而不是相反。

例如，法国并不是对已有的法兰西民族自然的称呼。在1789年大革命时，一半的老百姓不讲法语。在1860年意大利统一时，只有2.5%的老百姓讲标准意大利语，而领导人互相之间还讲法语。一个著名的说法是，他们已经创造了意大利，现在他们得开始创造意大利人了——一个大多数人觉得仍在进行中的过程。

爱尔兰都柏林大学社会学家西尼沙·马莱舍维奇（Siniša Malešević）认为，这种"民族建设"是现代民族国家演变的关键一步。它需要创造一种民族主义的意识形态，在情感上把民族等同于人们家庭和朋友的邓巴圈。

这反过来又严重依赖于大众传播技术。在一项有影响力的分析中，康奈尔大学的贝尼迪克特·安德森将民族描述为"虚构"的社区：他们远远超过我们的近邻，我们永远无法见到他们中的每个人，然而人们却会为他们的民族献出生命，就像是对待自己的家人一样。

他认为，这样的民族主义情绪是在大众市场书籍将语言规范化、建立语言相同的群体之后产生的。报纸使人们得以了解共同关心的事件，这建立了一个以前无法做到的大"平行"社区。国家资助的全民教育也在有意培养民族认同感。

马莱舍维奇说，推动这一意识形态进程的关键因素是一个潜在的结构性因素：管理复杂的工业化社会所需的有深远影响力的官僚机构的发展。例如，布勒伊说，19世纪80年代，普鲁士成为第一个支付失业救济金的政府。起初他们只对土生土长在村子里的人支付，因为那里的身份证明不是问题。而随着人们为了工作而搬离家乡，福利开始遍布普鲁士的所有地方。他说："直到那时，他们才必须确定谁是普鲁士人。"而他们需要官僚机构来做这件事。公民证件、人口普查和分片治安随之出现。

这意味着分级控制结构的膨胀，出现了更多的中间管理层。马莱舍维奇认为，这样的官僚机构真正把人们聚集在一个以民族为规模的单位里。但这不是人为设计好的：它是从复杂的分层系统的行为中自发出现的。巴尔-亚姆说，随着人们进行的活动种类的增多，社会的控制结构必然变得越来越密集。

在新兴的民族国家，这就转化为人均分摊更多的官僚人数。被如此紧密的官僚控制所束缚，也使人们感受到个人与国家的联系，尤其是当人们与教堂和村庄的联系减弱的时候。当政府行使更大的控制权时，人们反而获得更多的权利，比如选举。人们第一次感到国家是他们的。

布勒伊说，一旦欧洲建立了民族国家模式并繁荣起来，其他地方就都想效仿。事实上，现在很难想象还有别的组织国家的方式。但是，一个自发地从工业革命的复杂性中成长起来的结构真的是管理事务的最佳方式吗？

加拿大约克大学的布赖恩·斯莱特里（Brian Slattery）说，民族国家的繁荣仍然是基于一种被广泛接受的信念，即"世界天生由不同的单一民族或部落群体组成，这些群体占据了地球的不同部分，并要求大多数人首先要效忠于它们"。然而，人类学研究并没有证实这一点。即使在部落社会，种族和文化多元主义也一直广泛存在。多种语言现象很普遍，文化相互融合，语言群体和文化群体也并不是完全重合的。

此外，人们对地域、文化、背景等都有着不同的群体归属感。斯莱特里说："根据简单的历史事实，认为一个人的身份和福祉与民族集团的福祉有核心联系的说法是错误的。"这样的话，也许难怪民族国家模式经常失败：自1960年以来，全世界发生了180多次内战。

这种冲突通常被归咎于种族或宗派间的紧张关系。失败的国家通常都是以这样的方式被暴力地分裂的。根据民族国家应该只包含一个民族的想法，这种失败常常被归咎于殖民遗留，即把许多人一起捆绑在一个不自然的边界内。

但这个原因只能解释一半的情况，比如叙利亚或伊拉克，像新加坡、马来西亚或坦桑尼亚这样的国家都是反例，这些国家虽然有好几个"民族"团体，但彼此相处得很好。与此同时，大洋洲和美洲的移民国则把一开始大规模的多样性改造成了单一的民族。

这中间的区别是什么？事实证明，虽然种族和语言很重要，但真正起作用的是官僚体制。这在"二战"后随着欧洲海外帝国的瓦解而出现的独立国家的不同命运中是显而易见的。

根据民族主义的神话，似乎他们只要一片领土、一面旗帜、一个民族政府以及联合国的认可就能运行。事实上，他们真正需要的是复杂的官僚系统。

有些从前的殖民地已经成为稳定的民主国家，比如印度。有些则没有，比如像前比属刚果那样的国家，其殖民统治者只是从中榨取资源而已。其中许多都变成了独裁专制国家，其所需要的官僚机构比民主制度简单得多。

独裁专制加剧了民族纷争，因为他们的制度没有促进公民对国家的认同。在这种情况下，人们又回到对基于血缘关系的信任联盟的依赖，这很容易引起类似邓巴理论中的忠诚。与种族群体结盟的不可靠政府会偏袒自己，而不受偏袒的群体之间的不满情绪会增长，因此会产生激烈的冲突。

最近的研究证实，问题不是种族多样性本身，而是官方包容性不够。随着人们在全球化经济中为了找工作而移民，那些有史以来民族多样性就很弱的国家现在必须迅速认识到这一点。

如何解决这些问题可能取决于人们是否自我隔离。人类喜欢物以类聚，其结果可能就是族群飞地①的产生。密歇根州立大学的詹妮弗·尼尔（Jennifer Neal）利用基于主体的建模来观察这种行为对城市社区的影响。她的工作表明，飞地提高了社会凝聚力，但代价是降低了群体间的容忍度。让小规模的飞地比邻而居可能是一个解决办法。

但规模到底得多大呢？巴尔-亚姆说，在人们混居得很融洽的社区——比如和平的新加坡，在那里飞地极不受鼓励——往往不会发生种族冲突。较大的飞地也同样能促进稳定性。他利用数学模型将印度、瑞士和前南斯拉夫中飞地的大小与种族冲突事件的发生率相联系，发现直径为56千米或更大的飞地有利于不同种族的和平共处——特别是如果它们被自然地理屏障隔开的话。

例如，瑞士的26个州具有不同的语言和宗教，都满足了巴尔-亚姆的空间稳定性条件。只有一个例外：在讲德语的伯尔尼州中的一个讲法语的飞地经历了瑞士近代史上唯一一次重大动乱。后来，瑞士政府把它变成一个独立的州——汝拉州，符合了巴尔-亚姆的标准，问题也得以解决。

然而，种族和语言只是事情的一个方面。瑞士苏黎世联邦理工学

---

① 族群飞地指在地理上孤立于其他民族的少数民族集团。——编者注

院的拉尔斯–埃里克·塞德曼（Lars-Erik Cederman）认为，瑞士各州的和平并非通过对地理边界的调整，而是通过赋予各州相当大的自治权和使其参与集体决策这样一些政治安排来实现的。

　　塞德曼使用最近编辑的数据库分析了自1960年以来的内战，他发现，在种族更加多样化的国家，冲突确实更有可能发生。但仔细的分析证实，问题并非仅仅源于多样性，而是由于某些群体被蓄意排除在权力之外。

　　以种族为基础推行政治的政府尤其脆弱。美国在2003年入侵伊拉克后，就在伊拉克建立了这样一个政府。什叶派对逊尼派[①]的排斥导致叛乱分子宣布在伊拉克和叙利亚占领区建立一个逊尼派国家。与民族国家神话一样，它拒绝接受伊拉克和叙利亚的殖民边界，因为它们强迫不同的"民族"合并在一起。

　　然而，强迫种族统一解决不了问题。历史上，所谓的种族清洗一直是血腥的，而"民族"的统一并不能保证和谐。在任何情况下，族群都没有一个明确的定义。许多人的种族是混杂的，随着政治气候的变化而变化：在被希特勒吞并的捷克苏台德区，自称是德国人的人数在战前和战后都发生了很大的变化，而在乌克兰东部讲俄语的人中声称自己是俄罗斯人的人数，现在可能同样变化不定。

　　巴尔–亚姆和塞德曼的研究都给出了维持民族国家多样性的一个方法：把权力移交给地方，就像比利时和加拿大这样的多元文化国家所做的那样。斯莱特里说："我们需要把国家想象成一个多种信仰、

---

① 什叶派和逊尼派是伊斯兰教中两个主要的教派。——译者注

语言和宗教可以安全存在并繁荣发展的地方。这就是坦桑尼亚信奉的理想，而且似乎运作得相当好。"坦桑尼亚有120多个民族，大约有100种语言。

最后，比种族、语言或宗教更重要的是经济规模。经济繁荣所需的规模可能已经随着科技而改变，例如，小小的爱沙尼亚如今也已成为高科技的赢家，但一个小国可能仍然没有足够的经济实力来参与竞争。

这就是为什么爱沙尼亚如此热情地加入欧盟并参与欧盟事务。在20世纪的毁灭性战争之后，欧洲国家试图通过整合其基础工业来防止新的战争发生。该项目后来成为欧盟，现在主要通过在世界上最大的单一市场上制造并销售产品来为成员国提供可赢利的规模经济。

欧盟未能鼓舞的是民族主义式的效忠——马莱舍维奇认为现在这种效忠依靠的是体育、国歌、电视新闻节目，甚至歌曲比赛这样的"陈腐"的民族主义来实现。这意味着欧洲人的忠诚不再与处理他们政府大部分事务的政治单位联系在一起了。

具有讽刺意味的是，牛津大学的扬·杰隆卡（Jan Zielonka）说，欧盟挽救了欧洲民族国家，这些国家现在太小了，无法单独参与竞争。他认为，民族主义政党"从布鲁塞尔夺回权力"的呼吁将导致国家更弱，而不是更强。

他还看到了另一个问题。民族国家是从工业革命的复杂层级中成长起来的。欧盟又增加了一个层级，但没有足够的内部融合度来发挥决定性的力量。马莱舍维奇所说的两个必要条件：民族主义意识形态和普遍整合的官僚制度，它一个也没有。

即便如此，欧盟也可能指明了"后民族国家"的世界将会是什么样。杰隆卡认为，随着欧洲各国经济变得更加相互依赖，需要进一步整合欧洲的监管体系。但他说，欧洲经常瘫痪的等级制度无法实现这一目标。相反，他认为应该通过城市、地区甚至非政府组织的网络来取代等级制度。听起来是不是很耳熟？该观点的支持者们称之为新中世纪主义。

杰隆卡说："未来的结构和政治权力的行使将更像中世纪的模式，而不是威斯特伐利亚模式，后者集权力、主权和明确定义的身份于一身。而新中世纪主义意味着权威互相交叠、主权分裂、身份和管理机构多重化，边境线也变得模糊。"

美国前助理国务卿、普林斯顿大学的安妮-玛丽·斯劳特（Anne-Marie Slaughter）也认为，等级制度正让位于主要由来自民族国家的专家和官员组成的全球网络。例如，各国政府现在更多地通过像G7（或G8、G20）集团这样灵活的网络来管理全球问题，而不是通过联合国这样的统治集团。

牛津大学研究全球化与发展的教授伊恩·戈尔丁（Ian Goldin）认为，这种网络必然要出现。他认为，现有的机构，如联合国机构和世界银行，从结构上来讲无法处理由于全球相关性而出现的问题，例如经济不稳定、流行病、气候变化和网络安全等问题，部分原因是这些跨国机构是由成员国组成的层级结构，而这些成员国自己都无法解决这些全球性的问题。他引述斯劳特的话："网络化问题需要网络化的回应。"

同样，系统的基本行为和人脑的极限解释了原因。巴尔-亚姆指出，在任何等级制度中，高层人员必须在整个体系中发挥作用。他认为，当系统太复杂以至于一个人无法掌握时，系统必须从层级结构进化到无固定人员全权负责的网络。

这会使民族国家走向何方？"它们仍然是世界上主要的权力容器。"布勒伊说。而且，我们需要它们的权力来维护个人安全，它曾使人类的暴力下降到历史低点。

此外，普林斯顿高级研究所的达尼·罗德里克（Dani Rodrik）说，这类网络出现的前提条件是全球化经济，全球化经济需要有人编写并执行规则，而民族国家是目前唯一足够强大可以做到这一点的实体。

然而，无论是在解决全球问题方面还是在解决当地冲突方面，它们的局限性都是显而易见的。也许一种解决办法是再多注意一下政府的规模。众所周知，这是欧盟的一项基本原则：政府应该在最有效的层面上采取行动，地方政府应对地方问题，规模越大，权力就越大。有经验证据表明，这种方法是有效的：当用户进行自组织时，社会和生态系统可以比由外部领导人管理时得到更好的管理。

但是，我们很难看到我们的政治体系怎样在这个方向上持续发展。为了实现全球目标，民族国家可能会阻挠将权力下放给地方统治者，或交给国际网络。在气候变化的问题上，他们恐怕已经开始这么做了。

还有另一种选择可以让世界向一个全球化的连锁网络发展，无论它是不是新中世纪主义，但结果将是崩盘。荷兰瓦赫宁根大学的马滕·谢弗（Marten Scheffer）说："大多数等级制度往往变得头重脚轻、成本昂贵，无法应对变化，由此产生的压力可能通过局部崩盘释放出来。"对于民族国家来说，这可能有很多种含义，包括从城市重新崛起到伊拉克式的无政府状态等。前景变得茫然，但也有它的好处。有人说，崩盘是创造性的破坏，能出现新的结构。

不管你喜不喜欢，我们的社会可能已经在进行这一转变了。我们还无法想象没有国家的样子。但是，认识到它们是针对特定历史情况的临时解决方案这一点，可能会帮助我们过渡到下一步，不管下一步我们需要的是什么样的社会结构。无论我们的国家是否持久，我们管理事务的结构都应该改变。是时候开始发挥想象了。

第 5 章

未来的无限可能

预测未来可能是一件冒险的事情，除非你是一个研究多重世界的理论家。50年以后，在数千条可能的时间线中，我们会处于哪一条呢？哪一条都有可能。那这是否预示我们的努力毫无价值？完全不是，有些未来的可能性仍然比另一些要大。

2016年，《新科学家》庆祝了它的钻石禧年——60周年庆。60年间，它一直在报道科学上的新事物及其影响。为了纪念这一时刻，我们制作了一个特别的专题来探索到《新科学家》120周年的时候，世界会变成什么样。那时，我们会找到解决气候变化的办法吗？还是已经在火星定居？机器人会统治地球吗？

编辑素密·保罗–乔杜里当时写道："我们不能总是坚持我们的居住地是所有可能的世界中最好的。我们认为我们还必须把它变成最好。"在这一章中，我们将思考未来，特别是2076年的时候我们可能在哪里。这些场景是否会实现？这个嘛，就取决于你追求的是哪条时间线了。

气候能被控制吗?

史诗般的超大地球工程可以把我们从气候变暖的
影响中拯救出来。但**凯瑟琳·布拉西克**（Catherine
Brahic）发现这种高风险赌博可能引发灾难。

现在是2076年，天空看起来一片乳白色。在多风的平原上以及
已成为风力发电场的部分海域，一座新型的塔建在了涡轮机旁，它们
将二氧化碳从大气中吸走。大片的土地已经变成了森林。人们种植树
木，然后再砍下来烧掉，为发电厂提供能量，这些发电厂不会把二氧
化碳排放到大气中。相反，排放出的气体被收集并泵入地下储藏库。
船舶将粉末状矿物倒入水中以吸收二氧化碳，并减少海洋的酸化。

所有这些技术都是以扭转两个多世纪以来温室气体排放为目标的
绝地反击。但这项任务还没有完全完成，不管怎样，我们仍然在排放
温室气体。因此，我们还会在10~18千米的高空喷上一层雾状微粒来
保护地面免受日光直射，并使我们保持凉爽。这就是使天空变得更白
的原因。

"我认为，在60年内，我们很可能同时使用这两种技术。"英国南
安普敦大学的约翰·谢泼德（John Shepherd）说。他指的是地球工程
的两种做法：一是从空气中吸收二氧化碳，二是利用遮阳伞，将一些
太阳光线反射回太空。

　　与许多气候科学家一样，谢泼德认为关于气候的讨论进展太慢。即使工业排放量急速下降（这个假设能否成立还是个很大的问题），一些行业还是会产生棘手的问题。我们没有真正的飞机燃料替代品，而且为了养活人们，需要发展集约型农业，其排放量占全球总量的1/4。这就是为什么我们不得不从空气中吸走二氧化碳。因为吸收二氧化碳不是短期内就能完成的任务，所以我们可能还得依靠"太阳辐射管理"。

　　研究最多的方案是向平流层喷撒硫酸盐微粒，但其后果仍不清楚。计算机模型表明，有受益者，也有受害者。虽然这样一个遮阳伞可以将全球平均气温降低到工业化前的水平，但也会出现地区差异。北欧、加拿大、西伯利亚和极地将比过去更温暖，而海洋上的温度将更凉爽。

　　根据预测，全球变暖会让湿润地区更湿润，让干燥地区更干燥。模型表明，遮阳伞会纠正这种现象，但同样无法做到全球统一。随着季风变得干燥，依赖季节性降雨的热带地区受到的影响可能最为严重。

　　谢泼德担心这些结果将会引发国际争端。他设想建立某种全球理事会，让各国政府在那里游说，以争取一种满足他们需求的气候。有些政府可能为了它们的旅游业或农业着想，更偏向于稍微温暖的温度。而那些以珊瑚礁吸引游客的国家可能更依赖二氧化碳吸收技术来对抗海洋酸化和珊瑚礁白化的现象。

　　还有最后一道坎。向天空喷撒的微粒会不断损耗，所以要维持遮阳伞就必须长期补充这些微粒。如果有什么意外发生，比如，一些国

际地球工程协议的彻底失败使得我们停止喷撒硫酸盐，其后果将是灾
难性的。在一二十年内，气温会飙升到和没有遮阳伞时同样的水平。
温暖的地区会炙热难忍，没人知道我们会达到什么样的临界点，而其
后果甚至想都不用去想。

人造的生命形式会遍布地球吗？

鲍勃·霍姆斯说，我们完全有能力造出人造生命，但是创造出一种自由生活、独立演化的生命形式的同时，也伴随着巨大的风险。

地球上的生命在地球冷却到可以居住时几乎就产生了——据我们所知，从那以后40亿年来就再也没有重新产生过。然而，在接下来的几年里，这场漫长的空白期可能会结束，因为研究人员离在实验室里从零开始创造生命的目标不远了。

遗传学家已经合成了一种定制基因组，并将其植入细菌中。他们还改变了其他细菌的遗传密码，让他们使用新的、非天然的构成材料来制造蛋白质。但是所有这些工作都开始于一个活的有机体，我们只能去改变它。

更雄心勃勃的人想从无生命的化学成分开始构造生命——有时是我们熟悉的核酸和脂质，但有时是根本不同的结构，如自组装的金属氧化物。研究人员试图让这些化学物质越过达尔文阈值，即让它们开始自我复制和演化——这是使系统存活的关键标准。如果能够做到这一点，其影响将是巨大的。

最根本的是，人造生命将突破哲学上以神创论为中心的生命世界观——以达尔文为肇始。"这将非常明确地证明，生命只不过是一个复杂的化学系统。"位于美国俄勒冈州波特兰的里德学院的科学哲学家马克·贝多（Mark Bedau）说。当然，大多数科学家都已经这么认为了，但是人造生命会以一个令全世界都无法忽视的方式指出这个要点。此外，在实验室中创造生命将证明生命诞生的困难程度相对较低，这意味着我们在太阳系其他地方发现生命的可能性或许会更高。

而这第二次创生也会给生物学家一个独立的比较对象，帮助他们理解生命如何运作。因为我们能创造生命，我们就能改变它，并通过改变其内部的成分来了解哪些特征是必要的。

应用分子演化基金会的史蒂文·本纳（Steven Benner）说，自然生命被数十亿年的演化包袱所束缚，以至于我们无法分辩什么是对于所有生命体来说真正重要的，什么只是对于我们地球上的生物类型重要。新创造的生命将给实验者提供一个更干净的系统来测试生命的需求。

这一课题未来可能会产生长远的实际收益。任何新的生命形式起初都会很脆弱，以至于不在实验室里娇生惯养就无法生存，比如想要生产特定的分子或降解有毒废物的生物技术科学家，最好通过改造已有的自然生命来实现。然而，从长远来看，人造生命可能会凭借自己的力量繁衍。如果是这样，它就能帮助生物技术专家摆脱自然生命的限制来完成新的目标。"我们可以探索各种可能的回报。"英国格拉斯哥大学的李·克罗宁（Lee Cronin）说。

但这些好处同时也带来了风险。自由生活、独立演化的生命形式肯定不再是完全可预测或可控的。生物技术专家将需要设计有效的"杀手开关"，以防止新生命以其他方式致病或变得有害，而决策者和伦理学家将需要弄清楚何时以及如何触发这些开关。公众则可能会对这种"以上帝自居"的行为进行谴责，并试图阻挠这项计划。关于人造生命意义的讨论亟待开始。"用不了多久，这可能就会变成一个严重的问题。"贝多说。

如果我们不需要躯体会怎样?

把我们的想法上传到联网的计算机上,让我们随意生活在任何一种多重宇宙中,可能这就是未来。但**阿尼尔·阿南塔斯瓦米**和**麦克雷戈·坎贝尔**说,与我们的动物性本质一刀两断会引发伦理问题,而对此我们还没有找到答案。

意识由身体产生,但这种联系是可以被削弱的。普林斯顿大学神经科学家迈克尔·格拉齐亚诺说:"如果我切断颈部的脊髓,我就无法从身体的大部分部位得到信息。但我还是一个人,我仍然具有阅历,仍然可以思考。"

如果我们能把意识和躯体完全分开呢?现在许多人相信我们会把我们的意识转移到电脑上,这有可能在几十年内实现,也有可能需要几百年。格拉齐亚诺说:"我认为这不仅是可能的,而且是必然的。"

上传的生命会是什么样子?我们仍然需要外界刺激。牛津大学的安德斯·桑德伯格说,完全与身体切断连接的话,大脑会丧失感觉。"它会睡着,然后产生幻觉,还可能会慢慢地发疯。你需要给它一种与世界互动的方式,尽管那不一定是真实的世界。"

若能把意识转移到电脑里,我们对生命价值的评价就会发生改变。拥有多个备份可能会使生命变得不那么珍贵。格拉齐亚诺说:

"你杀了其中一个，那又怎么样？还有一大堆呢。"当我们能够使死者复活的时候，谋杀可能就不再是一种滔天罪行。桑德伯格说，对可怕事故的受害者来说也同样适用：启用最近一次保存的意识存档就好了，唯一丢失的东西可能也就是一些最近的记忆。

如果你认为我们今天已经生活在一个过度连接的世界里，你可能错了。人造大脑会赋予连接性一个完全不同的含义。格拉齐亚诺说："你可以把USB（通用串行总线）接口插在脑子里直接和别人交流，而不需要打字。现在，我们即将进入一个完全不同的思维网络，它与我们所知道的任何东西都不同。"我们不必推断别人脑子里在想什么，可以直接像分享数字文件那样分享想法。这种"人类知识圈"可以使真正的全球意识成为可能，但它也可能抹杀个性，永远改变我们存在的景观。

但是，即使我们可以互相建立联系，并且信息传输达到足够的保真度，我们也会面临翻译的问题。桑德伯格说："我的思维和你的思维并不一样。"要创造出对各种概念的不同心理表征进行翻译的软件，其难度可能与创造达到人类水平的人工智能差不多。

可能有一个变通的方案可以绕过这个问题。大脑的可塑性使它可以融入并解释新的感觉信息。桑德伯格认为，用正确的技术可以训练我们的新皮层，即大脑中负责意识的区域，以适应来自其他大脑而不是来自简单传感器的更为复杂的信号。

生活在蜂窝一般的意识网络中会是什么样？作为群体的一分子，我们会感到很快乐，也很充实，而且群体越大，好处就越多。因此，加入一个全球人类知识圈可能是一种令人记忆深刻而欣喜若狂的经历。比如，我们可能每天都能感受到抱着新生儿的喜悦，而且还得乘上35万倍——这是每天在世界各地出生的婴儿的数目，或者惊叹于数十亿双协调一致的手能够如此迅速地修复环境。

但也有不好的一面。"如果技术能让好的想法更容易传播，它也能让愚蠢的想法同样容易传播。"桑德伯格说。例如，虚假的指控可能会像野火般通过我们的共享意识肆意传播，给暴政所造成的最糟糕的情况雪上加霜。

桑德伯格说，如果能制造出先进的神经过滤器，自动阻断最危险的思想，或许可以防止最坏的情况发生。同样的过滤器也能保护我们的大脑，以免受到试图影响甚至直接控制我们的思想和欲望的黑客的攻击。但是这样的过滤器必须去评估神经信号的内容，才能理解人类的思想，这是一项极其复杂，甚至根本不可能实现的任务。

一个最大的顾虑是谁来控制运行大脑模拟的计算机。桑德伯格说，原则上，运行这些机器的人可以复制你。他说："他们可以在一个没有互联网连接的秘密系统中运行你，强迫你做很多事情。"我们需要大幅度提高我们的软件的安全性，"如果任何人在任何时候都可能被未知组织攻击或复制，那么生活在这个世界就太可怕了"。

技术上的问题也有一大堆。在上传的过程中，我们可能会出错，在电脑中产生扭曲的大脑。"你想要一堆错误的大脑副本，同时还得负有奇怪的责任吗？"桑德伯格说。而如果假设你原来的大脑和身体仍被保留的话，伦理问题也将变得更加复杂。虚拟大脑是否具有同等的道德和法律地位呢？

这样的问题不太可能被迅速解决。桑德伯格说："在很多方面，我们会成为'后人类'。我们已经从动物王国的一部分跃进为一个全新的王国，但我们还不知道该怎么称呼它。"

桑德伯格说，如果克服了所有这些障碍，蜂窝状思维可能会在不同的尺度上起作用。只要安全措施有效，我们在本地的个人经验就还是属于我们的，但是我们可以选择切换视角，就像在电子游戏中一样。我们还可能会调节来自更高层次的信号——家庭、城市、地区和全球，以便以我们自己的偏好甚至直觉来体验它们。

然而，就像在互联网的早期发展阶段一样，你可能需要去适应这个缓冲区。神经脉冲的传递速度比计算机信号要慢，考虑到数十亿人的大脑同时接入不可避免地会产生滞后的现象，蜂窝状思维肯定会变得优柔寡断。

桑德伯格说，即使在遥远的将来，光速也会限制蜂窝状思维的能力。"如果蜂窝状思维达到了宇宙尺度，思考一个简单的想法可能就需要花上数十亿年的时间。"

意识只是一种物质形态吗？

如果意识只不过是原子的一种排列，那么什么能够阻止任何一个复杂的系统来获得知觉呢？**迈克斯·泰格马克**发问，意识是不是物质的第四态？

你现在为什么会有意识呢？具体来说，为什么你有阅读这些文字、看到颜色和听到声音的主观体验，而你周围无生命的物体却可能根本没有任何主观体验呢？

对于"意识"，不同的人可能有不同的理解，包括环境意识或自我意识等。一个更基本的问题是，为什么你会对各种事情产生经验？这就是哲学家戴维·查默斯（David Chalmers）所提出的意识"困难问题"的本质所在。

传统上，我们用二元论来回答这个问题：有生命的实体之所以不同于无生命的实体，是因为它们包含一些非物质元素，比如"灵魂"。支持二元论的科学家已越来越少。要理解为什么，请想一想你的身体是由大约 10^{29} 个夸克和电子组成的，据我们所知，这些夸克和电子按照简单的物理定律运动。想象一下未来有一项技术能够追踪你身上所有的粒子：如果发现它们完全按照物理定律运动，那么你所谓的灵魂对你的粒子就没有影响，你的思维意识和它控制你运动的能力就与灵魂无关。

相反，如果你发现你的粒子由于被你的灵魂驱动而不遵守已知的物理定律，那么我们就可以把灵魂看成是另一个能够对粒子施加力的物理实体，并研究它遵守的物理定律。

因此，我们应探索另一种选择——物理主义，它认为意识是在某些特定的物理系统中发生的过程。这引起了一个有趣的问题：为什么有些物理实体是有意识的，而另一些则不是？如果我们考虑有意识的物质最普遍的状态——我们称之为"知觉"，那么它的哪些特殊性质在原则上是可以在实验室中测量出来的呢？这些意识的物理联系是什么？你的部分大脑现在显然具备这些特性，你昨晚做梦时候也是这样，但你在熟睡时却不是这样。

想象一下你在生活中吃过的所有食物，从某种角度上看，你只是这些食物的一部分，只不过被重新排列了。这说明你的意识不仅仅取决于你所吃的原子，还取决于这些原子排列的复杂模式。如果你也能想象出由不同类型的原子构成的有意识的实体，比如外星人或未来的超智能机器人，这就表明意识是一种"突生现象"，其复杂行为来自许多简单的相互作用。同样，一代代的物理学家和化学家也研究了当你把大量的原子组合在一起时会发生什么，并发现它们的整体行为取决于它们的排列方式。例如，固体、液体和气体之间的关键区别不在于原子的类型，而在于它们的排列方式。煮沸或冷冻液体只是将其原子重新排列而已。

我希望我们最终能够将知觉理解为另一种物质状态。正如液体的种类很多一样，意识也有很多种。然而，这并不妨碍我们识别、量化、建模和理解所有液态物质或所有有意识的物质状态共有的特征属性。举个例子，波与它所在的基质无关，因为它们可以出现在所有液体中，无论其原子如何组成。波只管走自己的路，从这个意义上说，它与意识一样只是一种突生现象：波浪可以穿越湖泊，而单个水分子只是上下振动，波的运动可以用数学方程来描述，而数学方程并不关心波是由什么构成的。

在计算机运算的过程中也发生着类似的事情。众所周知，艾伦·图灵已经证明所有足够先进的计算机都能够相互模拟，所以一个视频游戏角色在虚拟世界中将无法知道其计算机基底（或称为"computronium"）是苹果电脑还是其他品牌的电脑，或者其硬件是由什么类型的原子构成的。重要的是抽象的信息处理。如果这个被创造出来的角色足够复杂以至于存在意识，就像电影《黑客帝国》中的那样，那么这类信息处理需要具备什么特性呢？

我一直主张，意识是信息在被以某种复杂的方式处理时的感知方式。神经科学家朱利奥·托诺尼（Giulio Tononi）则通过提出如下这一令人信服的论断，使得这个想法更加具体和实用："要使信息处理系统有意识，信息就必须被整合成一个统一的整体。"换言说，将系统分解成几乎独立的部分肯定是不行的，这些部分感觉像独立的不同的意识实体。托诺尼和他的合作者已经把这个想法纳入一个严密的数学公式体系中，该公式体系被称为整合信息理论。

整合信息理论激起了神经科学界的极大兴趣，因为它为许多有趣的问题提供了答案。例如，为什么我们大脑中的一些信息处理系统看起来好像是无意识的？基于将大脑测量与主观体验相结合的广泛研究，神经科学家克里斯托夫·科赫（Christof Koch）等人认为小脑

（人脑中的一个区域，负责内容包括控制人体运动等）是一个无意识的信息处理器，帮助大脑的其他部分完成特定的计算任务。

整合信息理论对此的解释是，小脑主要是"前馈"神经网络的集合，信息在其中像顺流而下的河水一样，并且每个神经元主要影响着其下游的神经元。如果没有反馈，就没有整合，也就没有意识。谷歌的前馈人工神经网络也是一样，它能处理数百万帧的视频以确定视频中是否含有猫。相反，与意识相关的大脑系统是高度整合的，所有的部分都能够相互影响。

整合信息理论因此提供了关于超级智能计算机是否有意识这个问题的答案：看情况而定。其信息处理系统中高度整合的那一部分确实是有意识的。然而，理论研究已经表明，对于许多整合系统，人们可以设计出功能上等效的前馈系统，但它们是无意识的。这意味着原则上，可能存在所谓的"哲学僵尸"，即行为像人类一样，能通过机器智能的图灵测试，但是没有任何意识体验的系统。目前许多"深度学习"的人工智能系统就属于这种类型的哲学僵尸。幸运的是，像我们大脑那样的整合系统所需要的计算资源通常比与其等价的前馈"僵尸"要少得多，所以进化更偏向前者，从而使我们变得有意识。

整合信息理论回答的另一个问题是，为什么我们在癫痫发作、药物镇静和深度睡眠时都是无意识的，而在快速眼动睡眠①时则不是。虽然我们的神经元在药物镇静和深度睡眠期间仍然完好，但它们的相

---

① 在睡眠过程中有一段时间会出现脑电波频率变快、振幅变低、心率加快等现象，并且眼球会不停地左右转动，科学家们称其为快速眼动睡眠。人在做梦时，一般都处于这个睡眠阶段。——译者注

互作用被削弱了，从而减少了整合，降低了意识。相反，在癫痫发作期间，这种相互作用变得非常强烈，以至于大量的神经元开始互相模仿，失去了独立贡献信息的能力——这是整合信息理论对意识的另一个关键要求。这与计算机硬盘驱动器类似，其中编码信息的位全为0或全为1，导致驱动器仅存储单个位的信息。2013年，托诺尼和阿登纳·卡萨利、马尔切洛·马西米尼以及其他合作者一起，在实验室里验证了这些观点。他们定义了一个"意识指数"，通过脑电图监测磁场刺激后人脑中的电活动，他们测量这个指数，并用它成功地预测人脑是否有意识。

醒着的人和做梦的人都具有相当高的意识指数，而处于麻醉或深度睡眠状态的人的意识指数值则要低得多。该指数将两名闭锁综合征患者认定为有意识者，他们意识清醒，但由于瘫痪无法说话或动弹。这说明，这项技术有希望帮助医生判断无反应患者是否还存在意识。

尽管取得了这些成就，整合信息理论仍有许多问题亟待回答。如果要将对我们的意识的检测能力扩展到动物、计算机和任意的物理系统身上，我们就需要将其原理建立在基础物理学上。整合信息理论把以比特为单位计量的信息作为出发点。但是当我通过物理学家的眼睛，将大脑或计算机看成是无数移动着的粒子时，应该把这个系统的哪些物理属性解释为以逻辑比特计量的信息呢？我将电脑内存中某些电子的位置（决定微电容器是否带电）和大脑中某些钠离子的位置（确定神经元是否放电）均解释为"比特"，但这有何原理可循呢？即使不用信息去解释，也一定有某种方式可以仅从粒子运动中识别意识吗？如果是这样，粒子又有哪些方面的行为对应于有意识、被整合的信息呢？

在任意运动粒子的集合中识别意识的问题与在这种系统中识别物体这个更简单的问题有着相似之处。例如，当你喝冰水时，你会把杯子里的一个冰块看作一个单独的物体，因为这个冰块的各部分之间的联系比它们与周围环境的联系更加紧密。换句话说，冰块既有内在的整合性，又相对独立于玻璃杯中的液体。而冰块的组成部分，比如水分子、原子、质子、中子、电子和夸克，也是如此。而将视野放大，你也可以将这大到行星、太阳系和星系的宏观世界视为由高度整合和相对独立的物体所组成的动态层次结构。

粒子的组成方式反映了它们是如何连在一起的，这可以通过将它们拉开所需的能量来量化。但我们也可以从信息的角度重新解释这一点：如果你知道发动机活塞中一个原子的位置，你就知道了这个活塞中所有其他原子的行踪，因为它们都作为一个整体一起运动。无生命物体和有意识物体之间的一个关键区别是，对于后者来说，过多的整合是一件坏事：在癫痫发作期间，神经元的行为就像活塞中的原子那样，盲目地相互跟踪，因此在这个系统中几乎没有多少独立信息。所以，一个有意识的系统必须在整合量过少（如原子在其中独立运动的液体）和过多（如固体）之间取得平衡。这表明在接近欠有序状态和过有序状态之间的相变点时，意识性会最大化；事实上，只有当大脑的关键物理参数保持在一个狭窄的数值范围内时，人类才能拥有知觉。

有一种方法可以实现信息与整合之间漂亮的平衡：使用纠错码。纠错码可以存储相互了解的信息，以便可以根据一小部分恢复所有信息。它们被广泛用于电信行业，无处不在的二维码也使用了这种技术，你的智能手机可以从二维码独特的黑白方格中读取网址。由于纠错过程在我们的技术中非常有用，所以假如在人类进化过程中纠错机制也起了作用，甚至正是它使我们有了意识的话，在大脑中寻找它们将是一件非常有趣的事情。

我们知道我们的大脑有纠正错误的能力，因为你可以从你所知道的一首歌的稍微不正确的歌词片段中回忆出正确的歌词。约翰·霍普菲尔德（John Hopfield），一位以提出了与其同名的大脑神经网络模型而闻名的生物物理学家，证明了他的模型确实是具有这种纠错特性的。然而，如果我们大脑中的千亿个神经元确实形成了一个霍普菲尔德网络，计算表明它只能支持大约37比特的整合信息——只相当于文本文件中的几个字。这就提出了一个问题，为什么我们意识体验中的信息内容明显大于37比特呢？当我们把大脑的运动粒子视为量子力学系统时，情况就变得复杂起来。我在2015年证明，在这种情况下，最大的整合信息量从37比特下降到大约0.25比特，而且即使扩大系统也没有什么用。

要绕开这个问题，我们可以增加一条物理系统要想有意识就必须遵守的原则。到目前为止，我已经概括了三个原则：信息原则（它必须具有大量的信息存储容量）、独立性原则（它必须具有独立于整个外界环境的能力）和整合原则（它不能由近乎独立的部分所组成）。如果我们再加上动力学原则——一个有意识的系统必须具有实质性的信息处理能力，并且它所整合的必须是这种处理过程而不是静态信息，那么上述0.25比特的问题便可以被绕开了。例如，两个单独的计算机或大脑不能形成一个单一的意识。

　　这些原理旨在作为意识的必要条件但不是充分条件，就像低可压缩性是液体的必要条件但不是充分条件一样。正如我在《我们的数学宇宙》（*Our Mathematical Universe*）一书中所探讨的那样，这给在基础物理学的基础上建立意识性和整合信息理论带来了光明的前景，尽管还有很多工作要做，而且我们不知道它是否会成功。

　　如果它确实成功了，这不仅对神经科学和心理学，而且对于基础物理学都非常重要，在基础物理学中，有许多最突出的问题都反映了我们对如何对待意识的困惑。在爱因斯坦的广义相对论中，我们把"观察者"塑造成一个虚构、无形、无质量的实体，对他所观察到的物体没有任何影响。然而，量子力学教科书上的解释表明，观察者确实会影响所观察到的物体。经过一个世纪的激烈辩论，关于如何准确地看待量子观察者还没有达成共识。最近的一些论文认为，观察者是理解其他基本物理学奥秘的关键，这些奥秘包括为什么我们的宇宙看起来如此有序，为什么时间似乎偏向于某一个前进的方向，以及为什么时间看起来会流动等。

　　如果我们能够弄清楚在任何物理系统中如何识别有意识的观察者，并计算他们将如何感知他们的世界，就可能会回答这些令人烦恼的问题。

人造星光可以给世界提供动力吗？

即使我们最终实现了地球核聚变可控的梦想，它也将消耗环境成本，**杰夫·赫克特**（Jeff Hecht）说。

我们生活在一个以核聚变为动力的世界——但不幸的是，反应堆在1.5亿千米以外①，我们还没有找到一种直接开发它的方法。所以我们只能燃烧化石能源，如煤、石油和天然气，而它们正在慢慢地将地球煮沸，就像温水煮青蛙一样。

在地球上再造一个太阳出来远不能解决这个问题，但这是迈出的一大步。这方面的研究在60多年前就开始了；处于领先地位的聚变反应堆设计，即托卡马克装置，也已有半个世纪之久。托卡马克将氢的更重的同位素囚禁在环形磁场中，加热并压缩等离子体，使氘和氚结合，释放能量。在测试了一系列越来越大的托卡马克装置之后，大约10年前，聚变研究人员一致同意在法国建造一个巨大的托卡马克装置，称作国际热核聚变反应堆（ITER）。

如果一切按计划进行（不过这几乎不太可能），到2035年，ITER将能产生500兆瓦的功率，一次持续几百秒。这将使它成为第一个产生能量多于运行时所消耗的能量的聚变反应堆。

----

① 这里指太阳通过把氢原子核聚变成氦原子核释放能量。——编者注

通用原子公司高级研究员、美国DIII-D聚变项目前主任米基·韦德（Mickey Wade）说，即便如此，仍然存在两大障碍：一个是开发能够长时间暴露于等离子体的材料，另一个是维持禁闭等离子体所需的强磁场。解决上述这三个问题将是划时代的突破。聚变将使我们从化石燃料中解放出来，几乎无限量地提供清洁和极其廉价的能源。

不过真的会这样吗？聚变发电肯定比燃烧化石燃料更清洁，但它也不会是碳中性①的。反应堆不直接排放碳，但建筑、燃料生产和废物处理不可避免地会排放碳。聚变还会产生放射性废物，尽管它经过几十年就衰变了，而无须等上几百或几千年。

而且，聚变能也不会太便宜。反应堆的建造成本巨大，ITER的成本已经飙升到200亿欧元以上。没有人会在无法使投资回本的情况下花那么多钱。但一旦启动和运行起来，运营成本倒是较为适中。海洋含有足够的氘，可在长达几万年间给聚变反应堆提供燃料。氚在自然界中极为稀少，但可以很容易地由锂制成，而锂也是很丰富的。

全世界都能使用聚变能吗？原则上是的，但在实际上是不可能的。运营商要尽量长时间地运行聚变工厂以使他们的投资回本，所以他们可能只会提供基本负荷。我们可能需要通过一些能源存储技术，如用太阳能和风能充电的超级电容器，来满足需求高峰。我们还必须想出新的方法来为飞机和其他不能直接在电网上运行的技术提供动力。

60年后，聚变可能仍然是老样子，仍然是未来的技术。太阳能和

---

① 碳中性是指不会增加空气中二氧化碳的量。——译者注

风能不可能满足我们所有的需要。在这种毫无选择的情况下，我们可能不得不启用核裂变，并随之接受所有的不利因素——事故、长时间散发射线的废料和对核武器泛滥的担忧。超导和地球工程学可能会拯救我们，但所有的事情都告诉我们，到2076年，我们真的需要大范围推广"人造太阳"。

资源不再稀缺的世界会是什么样?

当机器可以几乎免费制造任何可以想象的东西——现实生活中的《星际迷航》复制者——时,所有权和工作的概念将发生根本性的转变,**萨莉·埃迪 (Sally Adee)** 说。

很难想象一个物质不稀缺的世界是什么样。澳大利亚昆士兰大学经济学家约翰·奎金(John Quiggin)说,当我们开始考虑物质需求的终结时,通常也意味着我们自己的终结。但是我们的需求都被满足了吗?"稀缺性是基本经济体系的基础。"他说道。这是资本主义范式,其原则对我们大多数人来说,就像物理学法则一样是不可改变的。如果一切都是免费的,经济还怎么运作呢?如果没有人得到报酬,谁会生产产品呢?这难道不就是"共产主义"吗?试图去想象一个不以市场为中心的世界,就像鱼在思考水的外面是什么样。

杰里米·里夫金(Jeremy Rifkin)在 2014 年的《零边际成本社会》(*The Zero Marginal Cost Society*)中做到了这一点。他认为资本主义几乎已经吞噬了自己。"市场的最终胜利"是最后过渡到这样一个社会中的:在这个社会里,自动化使生产任何附加单元的成本接近于零,产品基本上是免费的。

为了感受一下这个社会是什么样的,我们可以考虑一下音乐和出版行业。互联网使得内容的生产和分配变得出奇地便宜。里夫金认为这一趋势预示着一种新的模式将在其他行业蔓延，尽管对有些人来说这会是个痛苦的过程。那些几乎可以造出人们需要的任何东西的设备将是一个非常关键的推动者，比如今天的3D打印机。但我们需要的设备比3D打印机复杂得多，就像现代计算机之于20世纪60年代的电子计算器。

在60年内，这些设备可能演变为所谓的分子组装机。这个词是由埃里克·德雷克斯勒（Eric Drexler）于1977年创造的。他设想了一种纳米制造设备，这个设备能够以足够的速度和精度操纵单个分子，造出任何你想要的物质。按下按钮，稍等片刻，就会出来食物、药品、衣服、自行车零件或任何东西，用最低的资本或劳动力就能实现。

我们不知道这样的世界会是什么样子，但其轮廓正开始变得清晰可见。里夫金认为制造商们是共享经济的引擎。所有权的概念将让位于使用权（想想万能的流媒体音乐服务平台Spotify和打车软件优步）。人们不再需要购物，任何东西都可以打印出来。他说："我认为，在20年内，资本主义就不再是经济生活的唯一主宰者了。它将与下一代社会制度分享舞台。"

在60年内，资本主义可能会完全消失，并将被一个新的社会所取代，在这个社会里，我们所有的基本需求都能被满足。里夫金称他的新经济愿景为"共同体"，但远不止在经济方面——如果把我们比作鱼，它将成为我们在其中畅游的新"水"。

你将会有一份工作，但不是为了赚钱。你为之工作的公司将是非营利性的。你的"财富"将以社会资本——你作为该群体的合作成员的声誉——来衡量。所以，当你贡献了一个能做出更好的东西的开源代码时，你将会获得更好的声誉。应用软件会跟踪记录你对共同体所做的贡献——不管是通过你在工作中的投入、你节省使用的能源，还是其他衡量声誉的事件——并让你兑换相应积分的奢侈品，比如，一把显然不是由分子组装机复制出来的古董椅子。即使在共同体中，我们仍然是人类。

转基因人类会征服世界吗?

迈克尔·勒佩奇说，基因编辑将会成为改善健康的
常规手段，但是距离用它来创造超人还有很长的距离。

　　现在是2021年4月。山田太郎在东京降生，并登上了世界新闻的头条。一些报纸称他为"奇迹男孩"，这是因为太郎的父亲因为Y染色体上的突变而无法产生精子。因此，从理论上说，太郎的父亲是完全不育的。然而，基因测试证实太郎确实是他的儿子。

　　为了形成太郎的胚胎，生育诊所从父亲那里获取干细胞，使用CRISPR基因组编辑技术来校正Y染色体突变，然后从校正的细胞中获得精子细胞。研究人员用这些被编辑的精子细胞使母亲的卵子受精，并将这种变化渗入他所有的核DNA中。换句话说，山田太郎可能是第一个基因组经过编辑的人。

　　但他不会是最后一个。虽然一些国家在听到他出生的消息之后加强了禁止编辑基因组的规定（日本在那时还没有这样的法律），但是有一些国家已经决定，在某些情况下，比如为了让不孕不育的父母拥有他们自己生物学上的孩子，这样做是正当的。

　　很快，每年便有几十个，甚至成百上千个被基因编辑的孩子出生。这些孩子与同年龄的一般儿童没有什么区别，因为他们的基因组是完全正常的。

生殖系基因组编辑革命可能会以这种方式开始。关于用这种方法编辑遗传性DNA以防止儿童从父母那里遗传囊性纤维化等疾病的基因，有过很多讨论，但是几乎所有这样的疾病都可以通过在体外受精胚胎着床前筛查的办法来预防。

在着床前基因诊断更安全而且更便宜的情况下，为什么准父母们应该选择基因组编辑呢？因为着床前基因诊断只对除掉一两个有害突变有效，而用基因组编辑理论上可以一次性就做出几十个改正。一旦生殖系编辑开始用于不孕不育的治疗，生育诊所也可能会同时提供为其他基因做调整的服务。基因工程的反对者会称这是一种滑坡谬误[1]；而对于支持者来说，这是个明智之举，甚至是人道主义的进步。

我们每个人都有数以百计的有害突变，这些突变会增加我们患癌症、阿尔茨海默病、精神疾病等的风险，所以，如果你遇到这种情况，为什么不解决最糟糕的突变呢？事实上，只要它可以安全地完成，就不能说是不道德的。

为什么不更进一步呢？例如，有一些有益的基因变体能使人们对艾滋病病毒免疫或降低肥胖的可能。也许在21世纪30年代，一些国家就可能允许引入这些变体。

这种干预将极具争议性。而更具争议性的是引入用来提高人格、智力或我们高度重视的其他特质的基因变体。到目前为止，我们还不知道该怎么做——我们还没有发现任何单个基因变体，其对智商的影响和富有的父母或良好的教育所造成的影响可以相媲美。

---

[1] 滑坡谬误是指一种逻辑谬论，在未有充分证据的情况下就轻率得出推论，最终得到不合理的结论，如"屠户当前杀猪，今后就会杀人"。——编者注

事实上，大脑是如此复杂，以至于我们永远无法预测一个特定的突变会有怎样的影响。这意味着，引入一种会改变大脑的非自然存在的突变，就像是在黑暗中大跨步一样，这是任何父母和监管者都不会接受的。

但是基因组编辑绝对可以使个体不易患各种疾病。当人们开始意识到经过基因组编辑的孩子平均来说比那些用传统方法孕育的孩子更健康时，有钱的父母就会开始选择基因组编辑，即使他们没有迫切的需要。

这会使精英们的孩子获得更大的优势，继而扩大已经出现的贫富鸿沟吗？非常可能。但是，让我们以一个乐观的预测作为结束：在《新科学家》杂志120周年纪念日到来之际，许多国家将例行地、无争议地向任何想要进行基因组编辑的准父母提供这项服务，但前提是，治疗成本将远远低于它在人的一生中为其节约的医疗成本。

机器人的崛起会让人类屈居其下吗？

伟大的思想家长久以来都害怕"技术奇点"，在这个点上，我们设计的机器将超越我们本身。**托比·沃尔什（Toby Walsh）**解释了为什么这可能不会发生。

不管你怎么看，未来都显得黯淡无光。世界正承受着环境上、经济上和政治上的巨大压力。很难知道什么是最可怕的，甚至我们自己能否存在也变得不确定。威胁来自许多可能的方向：巨型小行星的撞击、全球变暖、新的瘟疫，或者，纳米机器变成了流氓，把一切搅成一团灰色的稀泥。

另一个威胁便是人工智能。2014 年，斯蒂芬·霍金告诉英国广播公司："完全人工智能的发展可能意味着人类的终结……它将自行起飞，并以更快的速度重新设计自己。受到缓慢生物学演化限制的人类无法与之竞争，并终将被取代。"次年，他认为人工智能很可能"对人类来说要么是最好的事情，要么是最坏的事情"。

其他知名人士，包括埃隆·马斯克、比尔·盖茨和史蒂夫·沃兹尼亚克（Steve Wozniak），也对人工智能给人类带来的风险做出了类似的预测。尽管如此，仍有数以亿计的美元源源不断地流入人工智能研究中。而且，人工智能正在取得惊人的进展。在 2016 年的一场里程碑式的比赛中，围棋大师李世石以 1 比 4 输给了阿尔法狗。在许多其他领域，从在地面上驾驶出租车到在天上赢得空战的胜利，计算机都将开始取代人类。

霍金的恐惧主要围绕着技术奇点这样一个想法。这是机器智能开始腾飞的时刻，从这个时刻开始，一个更智能的新物种开始居住在地球上。技术奇点的想法的产生可以追溯到许多不同的思想家，包括计算机的创始人之一约翰·冯·诺伊曼，以及科幻小说作家弗诺·文奇（Vernor Vinge）。这个想法几乎在人工智能诞生的同时就出现了。在1958年，数学家斯坦尼斯拉夫·乌拉姆（Stanisław Ulam）写了一篇文章悼念不久前逝去的冯·诺伊曼，他回忆说："其中一次谈话集中在不断加速的技术进步和人类生活方式的改变上，这给人们带来了接近某种基本奇点的感觉……越过这个奇点，正如我们所知，人类事务便无法继续下去。"

最近，技术奇点的想法被雷·库兹韦尔（Ray Kurzweil）和尼克·波斯特洛姆（Nick Bostrom）普及推广，前者预测它将在2045年左右来临，而后者就其后果写了一本畅销书。担心机器会超过我们的智力的理由有几个。人类之所以成为主宰地球的物种，主要是因为我们非常聪明。许多动物比我们大，比我们跑得快，或比我们强壮。但是我们利用我们的智慧发明了工具，发展了农业和令人惊叹的技术，如蒸汽机、电动机和智能手机等。这些改变了我们的生活并让我们主宰了地球。

因此，认为那些会思考，甚至比我们更会思考的机器可能会篡夺我们的地位，也就不令人惊讶了。正如大象、海豚和熊猫的持续生存依赖于我们对它们的善意一样，我们的命运反过来可能取决于这些高级思考机器的决定。

当机器递归地提高它们的智能，从而快速超过人类的智能时，智力爆炸便不再是一个疯狂的想法了。计算领域得益于许多类似的指数趋势。摩尔定律预测，集成电路上的晶体管数量每两年将增加一倍，几十年来，它几乎做到了这一点。因此，人工智能经历指数增长也就是顺理成章的了。

和我在人工智能领域的许多同事一样，我预测再过三四十年，人工智能就会实现超人类智能了。但是，还有几个强有力的原因认为技术奇点未必会发生。

"快速思维狗"论

硅元件的运算速率比我们的大脑快得多，而且根据摩尔定律，这种优势每两年左右增加一倍。但是速度本身并不能带来更高的智力。即使我能让狗更快速地思考，它也不太可能会下棋。它没有必需的心智结构、语言和抽象概念。史蒂芬·平克阐述了这一论点："纯粹的处理能力并不是能够神奇地解决你所有问题的魔法粉。"

智力远不仅是在某个问题上比别人思考得更快或更久而已。当然，摩尔定律帮助了人工智能。我们的机器现在学习得更快，能记住更大的数据集。更快的计算机肯定会帮助我们建立人工智能。但是，至少对人类来说，智力取决于许多其他东西，包括多年的经验和训练。只是通过在硅中调快时钟或增加更多的存储器，并不能缩短这一路径。

人类中心论

奇点理论假设人类智慧是一个特殊的点——一个临界点。波斯特洛姆写道:"与人类同水平的人工智能会很快变成超越人类的人工智能……机器和人类水平大致相当的时间可能会很短。此后不久,人类将无法在智力上与人工智能的思维竞争。"

如果说有一件事是我们都应该从科学史中学过的,那就是我们并不像自己想象的那么特殊。哥白尼告诉我们宇宙不是围绕地球旋转的。达尔文告诉我们,我们和其他类人猿没有什么不同。沃森、克里克和富兰克林揭示了主宰我们的DNA生命代码与主宰最简单的变形虫的生命代码是一样的。人工智能无疑会告诉我们,人类智慧本身也并没有什么特别之处。没有理由认为人类智慧是一个临界点,一旦越过它,智力就会迅速增长。

当然,人类的智力也是一个特殊的点,因为就我们目前所知,人类是唯一能够造出比自己智力更高的人工制品的生物。我们是地球上唯一智慧高到可以设计新智慧的生物,而这种新智慧不会受到人类繁殖和进化的缓慢过程的限制。但这并没有使我们成为一个转折点,越过这个点,机器就会不断地自我提升。我们没有理由假设人类的智慧足以设计出聪明绝顶,以至于开启技术奇点的人工智能。

即使我们有足够的智慧来设计超越人类的人工智能,结果可能也不足以创造出技术奇点。提高智慧比仅仅拥有智慧要困难得多。

"收益递减"论

技术奇点的概念假设智力的改善就是乘以一个相对恒定的数,每一代人与上一代人提升的程度一样大。然而，我们的大多数人工智能系统的性能迄今为止都是收益递减的。在开始的时候经常能摘到很多长在低处的果实，但是我们在寻求改进的时候却遇到了困难。这也可以解释为什么许多早期人工智能研究者过于乐观。人工智能系统可以无限次地改善自己，但是其智能总体变化的程度是有限的。例如，如果每一代的进步都只提升了上一代改变量的一半，那么系统的总体智能将永远不会超过原来的两倍。

智力极限论

宇宙中有许多基本的极限。有些是物理上的：你不能把任何物体的速度加到超过光速，不能同时精确地知道物体的位置和动量，也无法知道放射性原子何时会衰变等。我们建造的任何思维机器都会受到这些物理定律的限制。当然，如果这是一台电子机器，或是量子机器的话，它们很可能就超越了我们人类大脑所受到的生物和化学的限制。然而，人工智能可能会遇到一些根本性的限制，其中一些可能是由于自然固有的不确定性。无论我们如何努力地思考一个问题，我们的决策水平都会有所限制。即使是超人类的智力，对下一次欧洲大乐透彩票结果的预测也不见得会比你更好。

"计算复杂性"理论

最后，对于不同的问题有多难解决，计算机科学已经有了一个很好的理论。对于许多计算问题，哪怕计算能力有了指数级的改进都不足以实际解决它们。计算机不能分析某些代码并确定它是否会停止，即"停机问题"。众所周知，计算机和人工智能之父艾伦·图灵证明了无论计算机分析代码的速度有多快或多好，这样的问题通常都是不可计算的。若换成其他类型的设备，如量子计算机，也许会有所帮助。但是量子计算机只能提供指数级的优于经典计算机的改进，还不足以解决图灵的停机问题等。有些设想中的超级计算机可能会突破这些计算上的障碍。然而，这种设备能否存在仍然存在争议。

所以，有很多理由可以解释为什么我们无法见证技术奇点。但即使没有智力爆炸，最终也可能会出现超人类智能的机器。我们需要做的可能只是不胜其烦地亲自为其编写程序。如果是这样的话，人工智能对我们的经济和社会的冲击可能没有霍金等人警告的那么可怕。然而，我们仍需要为这一冲击做好准备。

即使没有技术奇点，人工智能也可能对工作的本质产生很大的影响。许多工作，如出租车和卡车驾驶，很有可能在未来的一二十年内消失。这将进一步加深我们今天在社会中看到的不平等现象。甚至相当有限的人工智能都很可能对战争的性质产生很大的影响。机器人将使战争工业化，降低战争的门槛，并使当前世界秩序变得更加不稳定。恐怖分子和流氓国家将用机器人来对付我们。如果我们不想最终被"终结者"毁灭，我们最好尽快在战场上禁止机器人的出现。如果我们以正确的方式使用人工智能，它将帮助所有人变得更健康、更富裕、更幸福。而如果我们做错了，人工智能则很可能是我们所犯过的最严重的错误之一。

如果人口锐减会怎样？

弗雷德·皮尔斯（Fred Pearce）说，我们可以发现，担忧大量人口过剩是毫无根据的；相反，我们生活在一个儿童稀少、老年人占大多数的世界里。

人口内爆[①]会以最出乎意料的方式开始吗？我们是会濒临马尔萨斯所言的（因人口暴增而导致的）垮台，还是处在人口内爆式锐减的边缘？

要想知道为何我会说人口会内爆以及如何内爆，可以去日本看看，在那里，最近的一项调查发现人们对性生活越来越提不起兴趣。尽管日本人的平均寿命是85岁且还在增长，但是由于人口生育率低——平均每个妇女只生育1.4个孩子，甚至越来越多的人终生不育，日本人口的数量正在下降。看来，人们是由于太忙（或太害羞）而无法生育。

低生育率还在向外传染。世界上一半的国家生育率低于每个妇女两个孩子的生育更替水平。欧洲和远东国家都徘徊在生育率低于1.5的人口断崖上。根据最近的趋势，可以想见德国和意大利的人口在未来60年内将会减半。据瑞典斯德哥尔摩卡罗林斯卡医学院的汉斯·罗

---

① "内爆"即implode，指向内爆炸，与"爆炸"（explode）相反。应用在人口上则指人口锐减。——编者注

斯林（Hans Rosling）称，世界儿童的数量已达峰值，而成人的峰值也不会太遥远。

目前，世界人口仍在不断增长。我们可能从今天的74亿人增长到90亿左右，主要原因是非洲的生育率较高。联合国预测此趋势会继续上升，在2100年达到112亿左右，但这似乎不太可能。目前还没有一个国家的生育率在遭遇人口低潮之后还能够恢复。许多人口统计学家预测到2076年，全球将迎来人口大崩盘。

各国政府可能都会试图阻止人口的下降，但新加坡经过了一代人的努力，却仍然保持着世界上最低的生育率：0.8。一旦有生育能力的人的数目开始下降，扭转这种趋势将会非常困难。人口大激增将变成人口大萧条。

这对我们这个物种的未来意味着什么？到2076年，孩子会非常稀少，大多数人都会变成老人，这在史上还是第一次。曾塑造了20世纪的强势的荷尔蒙文化似乎注定要灭亡，创新之源也可能会干涸。

人口锐减也会破坏我们的经济。一些经济学家说，日本自20世纪90年代以来的反复衰退是由于越来越多的老人给社会造成了负担。也许欧洲也正在走同样的路。下一个可能是中国，因为它的人口将在2030年左右达到顶峰。人口决定论者担心我们这个物种正在缓慢走下坡路。我们所要面临的，可能不是突然的人口爆炸，而是无法控制自己的一声叹息。

然而，情况可能并非如此。老龄化社会肯定会与当今社会有所不同。但也许，就像今天的老摇滚明星一样，我们会发现变老并不坏。老人可能是新的年轻人，而且老龄社会可能不太倾向于发动战争。一个拥有更少人类的世界也能让地球的生态系统缓一口气，马尔萨斯理论将会被人遗忘。相反，生态学家爱德华·O. 威尔逊（Edward O. Wilson）呼吁了一个世纪的生态恢复，可以振翅高飞了。至少，大自然会从中受益。

早期移民者如何征服火星?

克服所有挑战来征服这颗红色星球是一项伟大的壮举，**莉萨·格罗斯曼（Lisa Grossman）**承认这一点，但是拓荒者们在那里的日子可不会很富足。

这一年是2066年。在一片锈色的天空中，曚昽的太阳升起，照亮了一片片营养液培养的农田。在火星的第一个永久栖息地上，勇敢的探险家们醒来，开始了有24.5小时的新的一天。

埃隆·马斯克认为这不无可能。2016年，美国太空探索技术公司（SpaceX）的创始人公布了他在接下来的10年左右将人类送往火星的大致计划，并声称到21世纪60年代，我们可能有100万人会彻底生活在这颗红色星球上。而NASA更保守的计划预计第一批人类会在21世纪30年代前往那里。

我们要开始行动了。在定居者开启新生活之前，我们需要建立他们在上面生存所需要的一切。这意味着要投入大量的生命维持设备、栖息地、能量产生系统、食物，以及从空气中提取可呼吸的氧气和饮用水的技术等。

这是一个巨大的挑战。地球和火星之间最短的旅行时间大约是5个月，但那只能在两年一度、两颗行星彼此对齐的时候才可以实现。在最乐观的情况下，我们也只有22个理想的发射机会来为2060年人类在火星上的生活奠定基础。

而且就像最近火星生命探测计划（ExoMars）着陆器着陆失败所表明的那样，登陆火星非常不容易：它有足够的重力来加速飞船的下降，但火星表面稀薄的大气使飞船无法通过降落伞将速度减到足够慢。曾经登陆火星的最重的东西——1吨重的"好奇号"探测器，就联合使用了降落伞、制动火箭和一种名为"空中吊车"的大胆的悬吊装置。

由于我们不知道如何让比这更重的物体在火星表面着陆，规划者的工作不得不停止。SpaceX公司计划使用一种叫作超音速反向推进的技术——基本上就是用助推火箭点火来反向推进以减慢下降速度——并希望在2018年测试该系统。NASA同意帮助该项目，其条件是获取该任务的经验教训。

人类在旅途中及着陆后的危险就更不用说了。这包括高能辐射、太阳耀斑的威胁、能挡住太阳能板并可能像玻璃碎片一样撕裂肺部的灰尘，以及低至-125℃的温度。还有，我们也不知道如何在火星表面种植粮食。

不过，让我们假设我们已经克服了所有这些挑战，然后会怎样呢？太空探索迷们指出，人类已经多次离开家园，到偏远而且可能危险的地方去寻找新生活。启航前往新世界往往意味着你可能再也见不到你的家乡或家人了。

火星的不同之处在于，除了试图活下去外，没有其他事情可做。当欧洲探险家到美洲大陆探险时，他们希望找到可以向自己的祖国出售的资源，或者至少找到一处可以建立农场的地方。由于火星资源稀少，所以第一批定居者将在很长一段时间内依赖于故土。到2060年实现自给自足，看来是非常艰难的。

然而，有一件事是定居者可以有效完成的，那就是科学研究。一个人在一个小时内做出的研究相当于火星无人探测器数月的工作。当然，对种植粮食的研究将更加紧迫。

地球上有一个地方可以模拟这样一个遥远但宝贵的居住地：南极洲。没有人在那里永久居住，但是人们会在那里住上一两年，做一些在其他地方做不了的科学研究。火星上可能也类似。

与以往向未知领地扩张的另一个不同之处在于，火星上的定居者将与地球保持持续的通信，尽管由于光速的限制会延迟几分钟。我们这些仍在地球上的人们几乎会完全看到他们的生活。我们会看到一切事情的进展，无论是对还是错。

而我们是进一步进军太阳系，还是撤回地球，可能取决于这二者的平衡。如果我们弄明白如何获得食物和空气，以及如何在这颗红色星球上生活，我们也许就可以把这些知识应用到其他行星或者月球上，而后者的可能性更大。火星将是我们能否成为多行星物种的第一个重大考验。

我们的子孙会通过什么方式了解我们？

鲍勃·霍姆斯想知道，1 000 年后的考古学家们，
将会发掘出哪些关于我们今天生活方式的线索呢？什么
会留下来，什么又会消逝？

当遥远未来的人们要拼凑出一幅2012年原始文明的图画时，考古学无疑将是实现这一目标的最佳途径。毕竟，最好的图书馆、档案馆和博物馆都可能被一场大火烧毁，亚历山大图书馆的命运就充分说明了这一点。

那么，10万年后的考古学家们会发现关于我们的什么呢？只有最幸运的文物才能避免被碾碎、散落、丢弃或侵蚀。作为个人来说，你肯定不会留下任何能保存得那么久的东西。只要把时间箭头指向相反方向上的相同距离处，你就能发现原因。大约10万年前，解剖学意义上的现代人类刚刚从非洲来到世界各地。我们对他们的了解大部分都靠猜测，因为遗留下的线索只有锋利的石器和少量的化石。

你尤其不可能留下你的骨头。化石形成是极其罕见的事件，尤其是对于像我们这样的陆地动物而言。不过，在地球上的70亿人口中，至少还会有几个人名垂青史。

最幸运和最珍贵的将会是"瞬间化石"。它们形成于人或动物死于富含钙的季节性池塘及湿地，或者洞穴中时。美国自然历史博物馆

的古生物学家凯·贝伦斯迈耶（Kay Behrensmeyer）说，在这些情况下，骨骼能够快速地矿化，以抵抗分解，形成化石。在肯尼亚南部，一只角马的脚趾骨吸收碳酸钙的速度如此之快，以至于它在死后不到两年就开始变成石头。

未来的化石搜寻者不会去墓地里寻找我们，因为埋葬在那里的尸体在几个世纪内就会化成灰尘。相反，贝伦斯迈耶说，最丰富的人类骨骼很可能位于灾难性事件的废墟中，例如在火山灰或最近的亚洲海啸留下的细粒沉积物中。一些尸体可能在泥炭沼或高海拔沙漠中变成干尸，但如果环境发生变化——这在10万年之久的时间跨度上是非常可能的——它们便会腐烂掉。

同样的变化也将毁掉我们文明的其他重要痕迹——我们的家园。气候变化和海平面上升可能淹没新奥尔良和阿姆斯特丹等沿海城市。在这些情况下，海浪很可能会毁坏建筑物的地上部分，而地下室和桩木很快就会被沉积物掩埋。虽然混凝土可能会在几千年内溶解，但考古学家会识别出沙子和砾石的精确矩形图案，这些保留下来的图案将成为目的性设计的标志。"在自然界中，不会有任何东西天生就长得像我们所创造的式样。"英国莱斯特大学的地质学家简·扎拉西维奇说。

这些设计在我们最大的建筑结构中体现得最为清楚明白。一些人类文物，如露天的矿藏，本质上是一种地质特征，将作为我们土方工作能力的证据持续数十万年。我们最大的水坝，比如美国的胡佛大坝和中国的三峡大坝，都有着体积极为庞大的混凝土，肯定总有些断壁残垣能存活这么长时间，加利福尼亚旧金山恒今基金会的执行主任亚

历山大·罗斯（Alexander Rose）如是说。一些建筑——最值得一提的
是芬兰奥尔基卢奥托岛的"翁卡洛"①核废料储存库，是按能够完整保
存 10 万年的标准来设计的。

　　我们也忙于建造另一个巨大的遗产，这将是未来考古学家真正的
丰收之物：我们的垃圾。我们的大部分物产最终所归的垃圾填埋场，
几乎是完美的可进行长期保存的地方。现代的垃圾填埋场在填满后，
通常用一层不透水的黏土密封，使得里面很快缺氧，而氧气正是保存
物品的最大敌人。"我认为，说这些填埋场能在地质时间尺度上保持
无氧状态也不为过。"北卡罗来纳州立大学的莫顿·巴拉兹（Morton
Barlaz）说。而伊利诺伊大学的垃圾填埋专家让·博涅（Jean Bogner）
表示，在这样的条件下，即使是天然纤维和木材等有机材料，也有可
能不腐烂——尽管在几千年的时间里，它们会逐渐转变成类似于泥炭
或软煤这样的东西。

　　一些材料会被原样保存下来。我们现在不再制造很多的石制品
了，但是一些雕像可以幸存下来，安全地埋藏而不被侵蚀。陶瓷盘子
和咖啡杯应该也会无限期地保存下去，就像早期人类文明中的陶器一
样。一些金属，如铁，会迅速腐蚀，但钛、不锈钢、黄金等则能保存
更长的时间。别忘了，埃及法老图坦卡蒙的黄金在 5 000 年后都看起
来几乎没有变化。"没有理由认为 10 万年后，情况会不一样。"罗斯说。
的确，钛制的笔记本电脑外壳，哪怕其内部早已腐蚀，最终也可能成
为我们文明最持久的文物之一。天晓得会怎样，未来的学者们说不定

---

① "翁卡洛"（onkalo）在芬兰语中意为"掩藏之所"。——译者注

会根据这些中空的薄板及刻于其表面的苹果图案构建出一套关于我们宗教活动的详尽理论呢。

事实上，无论我们如何努力为后代保存遗产，我们也永远无法知道我们的子孙会对文明的哪些方面感兴趣。例如，今天，我们对早期人类的研究受到了达尔文理论的启发，而仅仅在一个世纪以前，这种观点还是不可想象的。即使我们博物馆里的东西保存下来，它们也只会告诉后代们我们是如何看待自己的。至于他们如何看待我们，是今天正在读这些文字的人们无法预测的。

第 6 章

走向公元 100000 年

考虑到对未来60年做出预测就已经令人不安了，觊觎更遥远的未来似乎完全是在胡闹。然而，人类已经存在了10万年了，这足以让我们相信我们有必要对未来10万年进行展望。

在了解了长期的力量和趋势如何塑造了人类和地球之后，我们就可以对接下来会发生什么做出明智的预测。事实上，像恒今基金会，以及那些声称我们的存在正在创造一个新的地质时代——人类世的人们，正试图将人类的视野延伸到远超下个世纪之后的时代。

在本章中，我们将巡游于即将到来的时代，展望我们未来的语言，以及我们的后代将如何处理我们的垃圾等话题。遥远的未来才刚刚开始。

我们还会在地球上生存下去吗?

小行星撞击和超级火山爆发可能在未来 10 万年内对我们产生威胁,但是人类免于灭绝的可能性还是很大的,**迈克尔·布鲁克斯**说。

我们免于灭绝的可能性有多大? 2008年,参加在英国牛津举行的全球灾难风险会议的研究人员参与了一项非正式调查,被问到他们认为什么会威胁人类的生存。他们认为人类只有19%的机会活到2100年。然而,当你仔细分析时就会发现,这种极端悲观是毫无根据的。我们不仅能活到2100年,也极有可能在未来10万年内继续生存下去。

来看一下普林斯顿大学天体物理学家J. 理查德·戈特(J. Richard Gott)所做的计算。根据人类存在的这20万年,他估计我们可能会继续活上5 100年到780万年。化石证据也同样令人感到宽慰。岩石中的记录表明,哺乳动物的平均存活时间大约为100万年,有些物种的存活时间甚至10倍于此。看来我们还有很多剩余时间。另外,如果你不介意我们自吹自擂的话,我们可是最聪明的哺乳动物。

请注意,过于聪明可能成为一个问题。也许对一个先进文明来说,最大的威胁是失去控制的技术,核武器、生物工程和纳米技术都很可怕。但是加州大学洛杉矶分校的地理学家、灾难专家贾里德·戴蒙德(Jared Diamond)指出,我们已不再生活在孤立的文明中。人类文明现在是一个全球性的文明网络，可以以前所未有的机会接触到各种各样、来之不易的知识库，这些知识库可以被用来保护每个人。

　　我们也不太可能因为致命病毒的流行而灭绝。当一种新的流感病毒遍布全球时，就会发生严重的流行病。在这种情况下，人们没有免疫力，大量的人群便暴露于病毒面前。在过去的100年中，发生了4起这样的事件——最严重的是1918年的流感大流行，造成世界上将近6%的人口的死亡。未来可能还会有更多这样的事件，但是疾病导致整个物种灭绝只会在种群被限制在一个小区域，如一个岛屿上时发生。一场严重的疫情将导致数百万人死亡，但是还没有令人信服的理由认为未来有任何病毒突变会导致我们彻底灭亡。

　　更可怕的是超级火山的爆发。每隔5万年左右，一座超级火山就会爆发，喷出超过1 000立方千米的火山灰。几次人口崩溃可能都与这类事件有关。大约74 000年前，多巴火山在苏门答腊岛爆发。人类学家认为，这一事件可能使地球的人口减少到只剩下几千人。但伦敦大学学院本菲尔德灾害研究中心主任比尔·麦圭尔（Bill McGuire）指出，那时候的人类数量要少得多，而且他们大部分都局限在热带地区，这种地理上的集中使得火山爆发的影响比当今人口广泛分布的情况严重得多。"今天要消灭70亿人的话会困难得多。"他说。

　　从历史上的发生频率来看，估计未来10万年内发生超级火山喷发的可能性为10%~20%。由于火山灰组成的巨大的云会使地球表面陷入长达五六年之久的黑暗，全球的农业收成将遭受严重打击，而其持续时间将足以造成前所未有的生命损失。"死亡人数可能会达到数十亿。"麦圭尔说。但是在这个时间范围内，得发生两次这类事件才有可能造成人类的灭绝。这也不是不可能，只是统计上的概率太小了。

最大的灭绝性威胁来自太空。太阳耀斑、小行星撞击，以及超新星爆炸或恒星坍缩所产生的伽玛射线暴才是我们真正需要应对的。"预计每隔3亿年，就会有伽玛射线暴或强烈的超新星爆发，消灭大部分臭氧层。"美国堪萨斯州托皮卡的华盛本大学星系际灾害专家布赖恩·托马斯（Brian Thomas）说。其结果将是地球表面的有害辐射大幅增强，在臭氧层恢复之前的几十年中，威胁生命的癌症发病率将会增加。这种事件何时会发生还无法确知。

然而，这些事情是如此罕见，因此在未来10万年内发生灭绝事件的概率实际上是零。而强大到能摧毁所有关键基础设施的太阳耀斑也是如此，那得比以往所见过的最大耀斑还要强1 000倍。"我们的太阳在目前的状态下，有可能偶尔产生这样的耀斑吗？我们不知道。"迈克·哈普古德（Mike Hapgood）说，他是位于英国牛津的卢瑟福·阿普尔顿实验室的太阳物理学家，也是欧洲空间局空间气象计划的项目经理。但这仍然是一个不太可能的灾难场景。那么，剩下的就是灾难电影中的典型代表事件——小行星撞击了。

要避免这类灾难得需要一些运气。太空中到处都是岩石碎片，偶尔会对地球造成威胁。人们普遍认为，一个直径15千米大小的小行星于6 500万年前撞击地球，使恐龙灭绝。在任何10万年时间内，我们都可以合理地预想一颗400米大小、杀伤力相当于10 000兆吨TNT（三硝基甲苯炸药）的小行星撞击我们。"这不足以毁掉整个人类文明，但肯定会摧毁像法国这样的小国的全境。"NASA行星防卫特别工作组联合主席、退役宇航员托马斯·琼斯（Thomas Jones）说。

有些人可能会认为，没有法国，人类文明就没有希望。但实际上，人类文明被完全消灭的可能性只有1/5。"会产生全球性影响的小行星撞击大约每50万年发生一次，因此在10万年内发生灾难性的、威胁文明的撞击的可能性约为20%。"琼斯说。我们也许应该研究一些反小行星的措施，但实际上，关心我们物种延续的人们可以松一口气了：看起来，前景还不错。

未来的人类会是什么样?

我们和 30 000 年前漫步在地球上的人类没什么区别，**格雷厄姆·劳顿**说。从长远来看，基因工程会改变我们吗?

有一个著名的思想实验：绑架一个克罗马努人①，给他洗澡，刮胡子，穿西装，然后再把他送上纽约地铁。有人会注意到他吗？

大概不会。虽然克罗马努人生活在大约 30 000 年前，但他们几乎与现代人类没有什么差别。从身体上来说，他们也许更健壮一些，但是从行为上来说，他们与我们无法区分，差别顶多是几千年技术进步给我们的生活带来的影响。

从那时起，我们无疑已经走了很长的路。一个出现在 21 世纪纽约的克罗马努人除了他周围的其他人类以外，几乎不认识任何东西。但他的现代人大脑最终会适应令人震惊的新环境，就像 1830 年贝格尔号船长罗伯特·菲兹罗伊把那个后来被称为"杰里米·巴顿"（Jeremy Button）的火地岛原住民带到维多利亚时代的伦敦后，后者适应了当地的环境一样。

现在让我们把这个思想实验反转，把它投放到遥远的未来。如果

---

① 克罗马努人指旧石器时代晚期生活在欧洲的人的总称。——编者注

活在今天的人被送到3万年后，甚至10万年后的纽约，会怎么样？即使将他们打扮得很得体，他们是否能融入环境呢？

当然，这无法预知。仅仅因为我们的生物学进化停滞了超过1 000代，并不意味着我们还得再停滞几千代。按照某些未来学家的话，我们最终会变成头颅里装有义脑、血液中流淌着纳米机械装置的半机器人。

虽然这些技术上的进步听起来很极端，但它们不会对我们的身体和思维产生可遗传的改变，从而改变我们的生物学本质。每一代人都要选择是否成为半机器人，就像人们今天可以选择是否做激光眼科手术一样。为了让我们的后代与我们完全不同，我们要么得设计我们的基因组，要么等待那些在我们进化历程中出现的稀有事件。

一个用来解释30 000到40 000年前行为学意义上的现代人类突然增加的假说认为，一种有益的基因突变随机性的出现，可能与语言有关。事实上，这种突变是有益的，且迅速传遍整个人类群体。如果没有它，人类将无法与更幸运的对手竞争，而其适应力较差的基因组将被扔进进化的废墟。

这种"跳跃"式的突变，如果真的曾经存在的话，可能永远不会被鉴定出来，因为它已经完全取代了之前的基因。但我们可以看到一些尚未完成取代的痕迹。例如，一种叫作微脑磷脂（microcephalin）的基因突变发生在14 000年前，现在有70%的人携带它。尽管目前还不清楚它产生了什么样的被选择的特征，因为携带它的人和不携带它的人没有明显的区别，但它似乎与大脑发育有关。

因此，我们的后代进化的产物可能还是与今天的智人相似，脱胎换骨似乎不太可能。

当然,我们最终可以自行掌控进化。原则上,我们可以创造一种能超越我们的新人类,而我们自己则退出历史的舞台。这条路上最可靠的技术是对精子、卵子或早期胚胎进行基因改造,将那些变化植入到可传给下一代的基因组中。这在当今的技术下差不多是可以做到的,并且已经被作为根除遗传疾病(如囊性纤维化)的一种方案向前推动了。

我们能发展到植入需要的特性,而不仅是剔除不好的特性这种地步吗?虽然从技术上来说我们可以做到,但我们能否一致赞同这种可改变我们进化进程的变化,这一点还令人怀疑。当然,除非我们设计出来的人类非常优越,以至于消灭了生存竞争,否则是不可能的。

这些可能性都不能被排除。最可能的结果是,我们在时间旅行时发现自己周围都是"朋友",即与我们基本相同的人类物种,只不过他们具有更酷炫的技术。但是本质上,他们仍然是人类。

我们的语言将如何演变？

考虑到语言在短短几千年内的迅速变化，**戴维·罗布森**（David Robson）想知道，几万年后它会是什么样子。

如果几千年后，你的后代们翻开这一页，会发现不仅纸张变得发黄、卷曲，很多词也将变得费解——即使他们自认为和你说着同样的语言。毕竟，如今的英国人破译像《贝奥武夫》（*Beowulf*）这样的古英语读本也很费劲儿。你也许能够理解像 "Béowulf is mín nama"（贝奥武夫兮，吾之名）这样的英雄宣言，但是千百年的语言进化已经冲淡了 "grimma gaést Grendel"（可怕的恶魔格伦德尔）的含义。

如果我们的语言在短短 1 000 年内就变得几乎无从认起，那么经过几万年，它又会变成什么样呢？语言在很大程度上是由说话者的突发奇想而形成的，但是通过研究我们语言面临的各种影响，我们可以推测我们的后代可能如何说话。

最显著的问题是，他们还会不会再使用英语。虽然目前英语是世界的通用语言，但是它的流行很大程度上取决于英语国家在经济上的重要地位。如果另一个国家主宰了世界贸易，我们的后代可能都要学习它的语言了。如果是这样的话，人们一开始很可能会先将强势语言中的一些术语融入他们的语言中——就像意大利人所说的 "周末"

（weekend）、"平板电脑"（tablet）和"播客"（podcast）都是来自英语的单词一样。但是非常流行的语言往往会抵制外来语言的入侵，所以也没有理由认为英语会完全消失。

相对而言，英语更有可能不断分化。我们已经看到英国的许多前殖民地，比如新加坡和牙买加，形成了新的方言。由于移民、互联网和大众传媒，来自这些方言的词语经常又反向渗入英语世界中去——从牙买加英语的变体现在遍布于伦敦俚语的现象便可见端倪，比如用"buff"来表示吸引人的，用"batty"来表示一个人的臀部。如果时间足够长的话，这些方言可能会变得完全不同。如果是这样，英语最终可能会像拉丁语一样消亡，但又在众多后代中得到永生。

如此巨大的转变会使得人们无法对未来的英语做出任何具体的预测吗？当然，语言正在一如既往地迅速变化：《牛津英语词典》（*Oxford English Dictionary*）高级助理编辑丹尼·希尔顿（Denny Hilton）说，它每年增加2 000~2 500个词条。但可能仍有数以千计的新单词被编纂者疏漏。哈佛大学埃雷兹·利伯曼·艾登（Erez Lieberman Aiden）和让-巴蒂斯特·米歇尔（Jean-Baptiste Michel）在研究从20世纪开始到现在谷歌数字化图书的语料库时，发现每年大约有8 500个新词进入语言系统中。其中很多词都是很少使用的，比如postcoarctation（后压缩）、reptating（蠕动）以及subsectoral（亚部门）等。

纵观从《贝奥武夫》时代起英语的发展历程，我们至少可以确定之后英语可能以何种趋势持续变化。例如，它未来的语法可能没有像如今的语法那样复杂细致。统摄《贝奥武夫》中语言的许多规则现在已经荡然无存，例如，英语名词已不再有性别之分。

今天，我们从使用过去时的方式可以看出这种仍在进行中的简化。有很多不规则动词的过去时态并非以特征性的"–ed"结尾，例如，我们说"left"，而不是"leaved"。但是时间正在慢慢地驯化这些不规则动词，而这种驯化效果取决于这些动词的常见程度。通过研究过去 1 000 年的英语文本，利伯曼·艾登和米歇尔注意到，动词出现频率越低，就越有可能变成规则动词。"如果一个词很罕见，我们不会总是记着它是否不规则。"利伯曼·艾登说，所以我们会假设它遵循更熟悉的动词模式。

现在只用于非常特定环境中的"to wed"（结婚）这个词组，已经在变化的边缘中挣扎。例如，人们开始把新婚称为"newly wedded"，而不是"newly wed"。而其他一些词可能更加顽固。在发现一个词的流行程度可以影响其语言变化的概率后，利伯曼·艾登和米歇尔开始预测某些不规则动词在未来的寿命。例如，鉴于"slunk"（"slink"的过去分词）相对罕见，它在300年内变成"slinked"的可能性有50%。

而大约1/10的句子里都会用到的"to be"或"to have"，有将近40 000年的"半衰期"。研究人员推测，不规则复数形式将遵循类似的趋势，例如，"men"（男人的复数形式）可能变成"mans"，尽管这个用法还未被使用过。

用同样的方法，我们可以预测哪些词会被新的生造词或另一种语言的外来词所驱逐。通过研究印欧语系的语言演变，英国雷丁大学的马克·帕格尔（Mark Pagel）发现这也取决于一个词的使用频率——这个词越常见，它的变化时间就越长。这一部分是因为如果我们经常听到正确的词语，那么我们就不太可能使用错误的词语。

在他的《文化连线》（*Wired for Culture*）一书中，帕格尔还指出，词语通过演变来适应它们的目的——如果它们很常见，并且代表了重要的概念，那么它们就会很简短而且容易表达。这样的词用达尔文进化论的术语来说，就具有"高度的适应性"。"新词很难取而代之。"他说。

这可以在贝奥武夫的言语中看到。很显然，"nama"慢慢变成了"name"（名字），一个不管当时还是现在都非常常见的词。数字、疑问词和其他简单名词都具有相似的持久力。

所以，如果你的后代真的说英语的话，并且碰巧正在阅读本书英文版，那么他们有可能看懂一些比如"你叫什么名字"或者"我喝了口水"这样的简单句子。他们甚至有微弱的可能性可以理解"来自2017年的问候"这样的句子。

我们将身居何处?

板块运动、火山和上升的海洋将重塑我们的世界。**迈克尔·勒佩奇**和**杰夫·赫克特**提出疑问,它会变成何种模样,而我们将身居何处?

在北海捕鱼的渔船捕上来了一些奇怪的东西,有猛犸象的骨头,还有古代的石制工具和武器。在这里和世界上许多其他地方,我们都在如今的海底发现了人类居住的遗迹。随着最后一个冰期之后世界的变化,我们的许多祖先被迫放弃家园。用不了 10 万年,在接下来的 1 000 年里,世界就会再次发生巨大的变化,迫使数十亿的人们寻找新的居住地。

即使海平面保持不变,有些地方也难以保留下来。2 000 年前,古埃及城市赫拉克利翁消失在地中海底,原因在于该城所在的三角洲的软沙发生了沉降。而新奥尔良和上海等现代城市也同样如此。在迈阿密和其他地方,海洋和河流正在侵蚀城市的土地。

如果气候稳定的话,像这样的城市还有可能得救。但随着世界的不断变暖,海平面的上升将淹没我们的许多沿海城市以及农田。不断变化的气候也会影响生活在海平面以上地区的人们,使一些地区无法居住,但也在其他地方创造了新的机会。

我们不知道这个世界到底会变得多热。但是,假设事情像政府间气候变化专门委员会所预想的"一切照常"的话，温室气体排放将会一直增长到2100年，然后迅速下降。假设我们不去尝试实施任何类型的地质工程，那么最有可能的结果是，大约在2100年左右，全球平均气温将比工业化前上升近4℃，在23世纪的某个时候达到5℃（说不定比这还要更热）。而且高温还将持续，因为让地球冷却1℃需要3000年左右的时间。

这可能意味着格陵兰岛的冰盖将在1000年内几乎全部消失，南极西部的冰盖也继而融入海洋，海平面上升10多米。这可是个坏消息，因为沿海地区是世界上大部分人类的家园，还有许多快速增长的大城市。随着海平面上升，数十亿人将流离失所。

这个过程会逐渐推进，而当风暴潮冲破防洪措施时，还可能会偶尔发生大灾难。佛罗里达州的大部、美国东部及墨西哥湾沿海、荷兰以及英国最终将被洪水吞噬。一些岛国将不复存在，而包括伦敦、纽约和东京在内的许多世界上最大的城市将部分或全部消失在海浪之中。

而当南极洲东部的大冰层慢慢融化时，海洋将上升得更高。温度每升高1℃，海平面会上升5~20米。因此，在5000年的时间里，海洋可能比今天高出40米。

甚至那些生活在海平面以上的人也可能被迫搬家。一些地区，包括美国南部的部分地区，可能变得过于干旱，无法支持农业或大城市的供给。而在其他地区，洪水也可能会将人们赶跑。

任何进一步的全球变暖都会引发灾难性的问题。全球温度上升7℃的话，一些热带地区会变得过分炎热和潮湿，以至于没有空调人类就无法生存。如果世界变暖11℃，美国东部、中国、澳大利亚和南美的大部分地区，以及整个印度次大陆，将变得无法居住。

然而，未来我们或许能开辟新的居住之所。在遥远的北方，现在还是不毛之地的冻土带和针叶林带可能成为肥沃的农田。随着冰层融化，新大陆也将出现。例如，如果迅速开发南极洲新暴露的基岩中的资源，人们就可能在其沿海地区定居下来。如果在足够长的时间里保持足够温暖，南极洲将再次成为被森林覆盖的郁郁葱葱的绿色大陆。在别处，几万年的时间里，一片片崭新的土地将从海洋中升起，似乎也准备好给人类提供居所。

在某种程度上，我们的后代可以控制全球气候。但要恢复冰层并使海平面下降，需要数千年的时间。当我们有能力这样做的时候，一些人可能已经喜欢上了这样的生活。南极共和国傲慢的公民们将反对任何导致他们的农场和城市被冰雪摧毁的措施。

纵观历史，探险者们已在维京群岛上插上了他们的旗帜。今天，地球几乎没有什么地方是我们没有踏足的，但情况并非总是如此。板块运动和火山活动不断创造新的土地。例如，未来的定居者很可能会发现夏威夷出现了一个新的岛屿。8 000多万年来，从地球深处升起的岩浆形成的"热点"不断穿透太平洋底部，在太平洋上移动的地壳上建造了一系列岛屿。这意味着夏威夷的比格艾兰岛将很快在其南海岸拥有一个同伴，后者形成于一个名为洛伊希的水下火山。它增长很快，根据海平面的上升情况，将在10万年内浮出水面。地质学家预计它的海拔最终会超过夏威夷群岛中所有其他岛屿。

更长远来看，欧洲和非洲也可以获得新的领土。这是因为非洲正以每年2.5厘米的速度向东北移动，比向同方向移动的欧洲每年快1厘米。原则上说，这种挤压可以在未来几百万年内关闭直布罗陀海峡。如果没有大西洋水的流入，地中海最终会完全蒸发。南欧和北非沿岸的国家将沿着新暴露的海底扩张领土，直到它们相连起来。

如果数百万年之后我们的后代仍然存在，他们可能就需要解决如何瓜分这个世界所有的新增部分的问题。

自然界还能留下什么？

> 我们人类正在引发大规模的灭绝事件。在接下来的
> 几千年里，我们会失去什么物种，又有哪些新生物会出
> 现呢？**迈克尔·马歇尔**问。

从表面上看，自然界的未来看似很严峻。人类正在造成大规模的物种灭绝，而这将是地球历史上最严重的一次。荒野正在被夷为平地，我们正在污染空气、水和土地。除非人类的行为发生根本转变，否则我们遥远的后代将生活在一个自然景观严重枯竭的世界，这是个重要的问题。

生物多样性尤其将受到沉重打击。对物种多样性现状的评估报告读起来总是令人沮丧。几乎 1/5 的脊椎动物已成为濒危动物，这意味着这些物种在 50 年内灭绝的可能性很大。

其主要原因是栖息地的破坏，但人为的气候变化将成为越来越重要的因素。一个经过大量讨论的模型估计，到 2050 年，由于气候变暖，15%~37% 的物种将"濒临灭绝"。

"这将是一个新的世界。"英国伦敦动物研究所的凯特·琼斯（Kate Jones）说。生态系统将变得更为简单，由少数分布广泛、成员众多的物种支配。那些与人类"不兼容"的动物很可能活不下来。例如，我们可能喜欢猎杀它们或将它们的栖息地占为己有。"我对蓝金

刚鹦鹉、大熊猫、犀牛和老虎等都不抱太大的希望。"琼斯说。

尽管如此，生命最终还是会复苏的：它一直都是这样。英国布里斯托大学的迈克·本顿（Mike Benton）说，过去发生过的大规模物种灭绝告诉了我们生态系统最终将如何恢复。我们最熟知的两次大灭绝，一次是2.52亿年前消灭了80%的物种的二叠纪末期灭绝，另一次是6 500万年前不太严重，但以消灭了恐龙而著称的白垩纪末期灭绝。二叠纪的灭绝与我们更相关，因为它也是由大规模的全球变暖引起的，但是本顿提醒我们，当时的世界非常不同，所以今天的大规模灭绝不会以完全相同的方式发生。

复苏通常分为两个阶段。如果这次大灭绝的复苏方式与上述的两次复苏方式相同的话，最初的200万~300万年间世界将被繁殖迅速、寿命较短的"灾后先锋物种"主导。在这些物种的基础上，新的物种将迅速产生，世界物种的数量也将恢复。

但这样的系统里仍然会缺少很多东西。生态系统将会变得简单，相似的物种具有相似的行为。草食动物将不那么多样化，很多地方可能完全没有顶级捕食者。在这里，生态系统的全部复杂性由寿命更长、演化更缓慢的物种来恢复。但这可能需要长达1 000万年的时间，甚至比最乐观估计的人类未来的时间还要长。

但也不一定非得这样。我们现在就可以采取行动来促成生态系统的复苏，尽管我们不知道能使之加速到何种程度。自然资源保护生物学家正在越来越多地思考不可思议的问题，比如将物种迁移到它们能够繁衍生息的地方，令其自生自灭。这可能看起来不自然，但是考虑到人类的影响已经触及地球上几乎每一个生态系统，"自然"这个概念还有用吗？

再激进一点儿，鼓励新物种和新生态系统的形成，相比于努力挽救像熊猫这样长远看来前途渺茫的现有物种，可能对我们来说更好一些。琼斯说："我并不是说不管这些现有物种，但确实万物皆有变，要么适应，要么死亡。"

本顿说，最重要的是重建生物多样性热点地区，如雨林和珊瑚礁。这项任务并不难完成。最近的分析表明，受损的湿地在两代人的时间内即可恢复。

除此之外，还可以启动"演化工程"。例如，我们可以将一个物种分到两个独立的栖息地中，让它们分别演化，或者在新近重建的生态系统中引入"创始"物种等。

大自然可以通过提供意想不到的创始物种来为我们解决这一问题。像鸽子、老鼠和狐狸这样的动物已经和人类共同繁衍生息，很可能还会产生新的物种，成为新的生态系统的奠基者。如果你对一个由快速进化的老鼠和鸽子占领的世界的前景感到困扰，那么请赶紧回避。

我们将向何处探索?

安妮－玛丽·科利（Anne-Marie Corley）说，当我
们在宇宙中扩张时，塑造我们历程的将是古老而熟悉的
人类欲望，甚至可能再加上一点儿宗教狂热。

在外太空我们能到达并访问的目的地不可避免地会受到技术上的
限制，去往难以想象的远方总是有难度的，特别是在人类的寿命范围
内。然而，这并不是决定我们的后代走向何方的唯一因素。他们在宇
宙中的历程同样也将受到自古以来人类的野心，以及少许宗教狂热的
驱使。

先来看个坏消息。2011年，一支由科学家、工程师和未来学家组
成的团队齐聚佛罗里达州的奥兰多，想要绘制出人类下一个探索时代
的图景。这就是"百年星舰计划"，主题思想是探索如何在下个世纪
将人类送达最近的恒星附近。虽说不能因为这个想法太有野心而指责
它，但是许多人很快就意识到仅仅开发出必要的技术就已经令人望而
生畏，甚至可以说是异想天开。

大学空间研究协会（位于马里兰州哥伦比亚）的尼尔·佩利斯
（Neal Pellis）总结了我们最快的宇宙飞船离能够实现星际旅行还有多
远。他告诉百年星舰讨论会的与会者，"最近的恒星是半人马座阿尔
法，以每小时25 000英里的速度到达那里需要115 000年的时间。所

以，我们不可能通过现有的宇宙飞船到达那里"。

即使我们发展出了能在我们寿命范围内到达一颗恒星的技术，其所需的能量也远远超出了我们在可预见的未来能达到的能力。位于俄亥俄州费尔维尤帕克市的太空旅行智库"陶零基金会"的马克·米利斯（Marc Millis）说，当今全球能源产出中只有很小的一部分投入了太空飞行。他经过计算得出，如果这种状况持续下去，而能源产量还继续以近几十年的速度增长，那么星际任务至少还需要2~5个世纪。

所以，至少在接下来的几个世纪里，人类还将主要局限于在太阳系内活动。NASA行星科学家克里斯·麦凯（Chris McKay）说，即使到离家更近的目的地也会很慢，除非我们找到比化学火箭更好的推进系统——从速度和技术上来讲，化学火箭就跟哥伦布的船队一样。

假设我们实现了我们所需的速度提升，我们会沿哪条路线步入太空？我们的探索又会由什么推动呢？毫无疑问，科学家们将继续向整个太阳系发送无人探测器，但若以史为鉴，人类的探索和太空定居将不会仅仅受科学好奇心的驱使。

NASA前首席历史学家、美国史密森尼国家航空航天博物馆现任高级馆长罗杰·劳尼厄斯（Roger Launius）说，无论何时，当人们冒险踏入地球上未被探索的角落时，他们的动机往往都是"上帝、黄金或荣耀"。换言之，驱使他们的要么是使原住民皈依的野心或对宗教迫害的逃避，要么是钱财或名利。

人类迄今为止大部分的空间探索都是由对名誉的追逐所驱使的。民族自豪感为第一次载人太空任务提供了幕后支持，为人们登上月球所需的巨大投资提供了动力。因此，为实现第一次火星行走或人类对小行星的访问，我们需要同样的政治意愿。

更进一步讲，国家或公司可能都想第一个将宇航员送往像土星的卫星——土卫六这样的岩石世界，那里以液态甲烷组成的极地湖泊闻名。去往木星卫星——木卫二的探险也很诱人，尤其是如果其表面冰层下的液态海洋能孕育极端生命形式的话。

而上帝呢？宗教动机能在太空旅行中发挥作用吗？对未来的太阳系探险家来说，外星人是不会皈依的，但可以相信，宗教可能是其逃离地球的原因。例如，在17世纪，英国清教徒为了实践他们的信仰，冒着生命危险来到美洲定居。如果私人航天工业可以提供这种手段的话，一个宗教团体成为第一批在月球或火星基地居住的人类也并非不可能。

不过，劳尼厄斯说，在我们人类的历史上，探险的主要驱动力还是来自经济。太空经济的概念已经被提出，其中包括开采小行星的方案，以及太空旅行业，但都还时机不对。"我们还没有找到人类参与空间活动的经济动机。"劳尼厄斯说。例如，我们很难预测之后几十年内何种矿产资源对我们更为重要。等到我们能够从小行星中提取——比如铂的时候，人类对金属的需求可能已经消退了。

历史的另一个教训是，探险并不总是能持续进行。相反，它经常是三天打鱼，两天晒网。想想1 000年前，北欧海盗如何冒险进入北美洲，然而在之后的4个世纪里欧洲居民们并没有尾随其步伐。中国人的航海探险也进行了几个世纪，但也在1500年左右偃旗息鼓。"太空旅行不是必须要做的事。"乔治·华盛顿大学空间政策研究员约翰·洛格斯登（John Logsdon）说。他表示后人可能会暂缓探索深度空间或者去地外空间冒险的步伐，先休息一段时间。

事实上，我们的后代很可能不得不接受根本无法在有生之年到达其他恒星的现实。对他们来说，星星将永远闪烁在那遥不可及的夜空。然而话说回来，总会有一些人，就像参加百年星舰讨论会的代表们那样，会努力追逐梦想。

我们的资源会被耗尽吗？

理查德·韦布说，有用材料的耗尽往往预示着人类
将面临厄运，但从长远来看，我们不必担心。

1924年，一位名叫艾拉·若拉勒蒙（Ira Joralemon）的年轻采矿工程师在加利福尼亚联邦俱乐部发表了慷慨激昂的演讲。他说："电力和铜的时代将会是短暂的，在终将到来的强劲生产速度下，世界的铜供应将撑不了几年……我们基于电力的文明将会逐渐衰退，直至死亡。"

然而，铜，以及文明现在还在。纵使若拉勒蒙的训诫已过去了将近100年，类似的警醒声仍然不绝于耳。在中国需求上升的背景下，铜价已飙升至历史高点。有些人说，"铜峰值"会发生在我们身上；而另一些人说，铜储量在几十年内就将耗尽。

这样的厄运预言忽略了一些重要的事情。在我们历史的大部分时间里，技术发展的方式是由可得到的材料决定的：想想石器时代、青铜器时代、铁器时代。虽然我们可能会把我们的时代称为硅器时代——或者更恰当地说，可能是碳氢化合物时代——但我们不再完全依赖一种资源。如今，技术发展的快速步伐更有可能改变我们赖以生存的材料。

《工程与矿业杂志》对若拉勒蒙的训诫发表了一篇颇有先见之明

的社论，讲清楚了问题的关键："我们很难相信，仅仅因为缺少铜，我们所有的电就会回到富兰克林发现它的乌云里。也许根本就不需要铜来传输，我们可以利用天空。其实，对于曾经需要大量电线的长途通信，我们就是这么做的。我们还充分利用了光纤，在20世纪20年代，几乎很难想象这一技术会得到广泛的应用。"

这意味着，即便是去猜测未来几十年后材料的前景，都是在瞎扯，更不用说上千年以后了。"在五六十年内，我们将取得极大的进展，所以对未来做任何预言就好像隔墙猜物一样。"未来科技咨询公司"未来新视界"（Futurizon）的伊恩·皮尔逊（Ian Pearson）说。

稀土金属就是一个很好的例子。这些元素被广泛应用在触摸屏、电池和节能灯泡等领域。据广泛预测，这些元素将在未来10年左右出现短缺。但很可能现有资源可以维持的时间要比预想的长得多，而且，也许在供应出现瓶颈的时候，我们已经走出一条新路了。

皮尔逊说："例如，当下很多人讨论风力涡轮机磁铁中钕的短缺问题，但根本问题不是钕，而是我们如何有效地从风中提取能量。"毫无疑问，还会有其他不需要建造涡轮机的办法，只是现在还没想到。从长远来看，其他创新也许会让整个风能的概念过时。

无论我们在未来面临什么样的问题，皮尔逊认为材料短缺不太可能成为问题之一。他说："不管人类在500年或1 000年后会变成什么样子，我们可能仍然只会将材料主要用于地面以上10米或15米的范围内。但是在我们脚下深达6 000千米的土地里都是材料。"而且，从技术和经济上讲，在附近的小行星上开采我们可能缺少的元素也是可行的。

　　为了确保我们物种的持续生存，我们应该节约地球及其周围的资源，而不是掠夺它们。使用技术的话可以更容易做到这一点。当我们使用材料时，我们不会把组成它们的原子和分子送到地球系统之外；我们只是在化学上对它们重新排列，例如将化石燃料中的碳转化成二氧化碳。目前，我们并不擅长变废为宝，但是再过几十年，情况可能会大不相同。到那时，我们可能已经掌握了纳米材料操作的新方法，并培养出了基因工程细菌，这些细菌会吃掉废物，并将其转化成其他形式再吐出来。

　　自由职业未来学顾问雷·哈蒙德（Ray Hammond）说，到那时，事情很可能会超出我们的掌控范围。在某个时候，我们将创造比我们更有能力的计算机。"在资源管理或综合资源建设方面这些机器可能给予我们何种建议，目前还一无所知。"他说。

　　这表明我们更应该去担心未来存在的其他威胁。"'材料会耗尽'这种想法是在用今天的观念来思考未来。"哈蒙德说。

第 7 章

旅途的尽头

接下来，我们就要到达最终目的地了。不管你选择在多重宇宙的哪里生活，或者你未来的道路朝哪个方向走，有一件事是肯定的——迟早你都会走到尽头。在本章中，我们将考察这些目的地是何种样貌：无论是文明的崩溃还是现实本身的瓦解，到底等待我们的是什么。请收好小桌板，并调直座椅靠背，我们在宇宙的尽头见。

一切社会体系最后都会崩溃吗？

所有的王朝都尽数灭亡，而我们是否有希望改变这一趋势呢？**德博拉·麦肯齐**在旧文明的灰烬中搜寻，以期找出问题所在，以及判断我们是否能够渡过类似的危机。

罗马文明、玛雅文明、青铜时代的希腊文明：历史上每一个复杂的社会都走向了崩溃。我们的工业文明会有所不同吗？大概也不会。这一切都归结为复杂性和能量。当一个社会追求繁荣，并为成功所引发的问题寻找解决方案时，它就不可避免地变得更加复杂，而这将以牺牲能量为代价。人们认为，当文明不再产生足够的能量来维持现有的复杂性并解决新的问题时，它就会崩溃。

我们能走到今天，是因为工业革命对容易获得的高质量无烟煤的开采。然后，我们使用这些能量来逐步更深入地获取能源，将我们的复杂性推向前所未有的高度。但是除非我们找到充足的新能源，否则总有一天我们会超过自己的承受能力。一旦这样，复杂性就会迅速瓦解：政治和经济机构摇摇欲坠，生产和贸易减少，全球供应链断裂，技术发展更无从谈起。国家四分五裂，很多人失去生命。

但我们仍然有一线希望。历史上除了那些小而孤立的社会遭遇了全员消亡外，没有哪一次社会崩溃能把之前的发展一笔勾销。技术和制度都被充分保留了下来，得以重整旗鼓，并最终发展得更好。那么，我们的子孙后代能用我们的遗产建立一个新的文明吗？

问题在于，这次可能什么都留不下来。"罗马时代没有核武器啊。"斯坦福大学的伊恩·莫里斯说。崩溃的社会会造成权力和财富的大换位，且通常会伴随着暴力。"这可能是最后的崩溃。"他说。

全球化也可能使我们这次的崩溃与以往不同。加拿大滑铁卢大学的托马斯·霍默–狄克逊（Thomas Homer-Dixon）说，当过去的社会垮台时，还会有其他社会继续前行，"如果我们唯一的全球化文明崩溃的话，就不会再有外来的资源、资本和知识使一切重新来过了"。

对于意大利佛罗伦萨大学的乌戈·巴尔迪（Ugo Bardi）来说，重建的机会取决于我们是否能够保持电网的正常运行。这不仅仅是为了照明，而且是为了生产工业文明所需的材料——机器要用的钢、肥料要用的钾、半导体要用的硅等。由于容易获得的化石燃料能源早已枯竭，巴尔迪通过计算指出，在社会垮台之后，除非我们能保持电网工作，否则我们将无法恢复足够的能量来开采或冶炼我们所依赖的材料。

这意味着我们可以保证将来的能源供应，但前提是我们现在就得开始行动了。生产化石燃料或核能需要预支大量的能源——如果这个系统崩溃，我们将无法重新启动它。不过，太阳能和风能是免费的，我们只需要维持捕获它们的装置正常运行就可以了。

巴尔迪计算出，如果我们的一半电力来自可再生能源，那么电网就能够产生足够的能量来保证我们——以及它自身——渡过可能将我们现有系统完全摧毁的危机。但是在建设它的同时，我们还需保证硅储量和公民秩序,这就需要我们将对可再生能源的投资提高到现有水平的50倍。

如果不这样的话,巴尔迪说,"我们就没有足够的无烟煤来重新发明电力或者发动工业革命"。我们的文明就只能回到农业:简单的工具、黑暗的夜晚。同样,气候不稳定还可能会阻碍农业,最后就只剩下狩猎和采集了。

霍默–狄克逊认为,为了避免这样的情况发生,我们需要保留我们的关键制度,但在严重的气候变化和冲突中,这也许是不可能的。当一切尘埃落定时,我们所有的记录都会消失:即使是硬盘驱动器在一两个世纪内也会腐烂。

假若你认为忘掉把我们的文明带向衰落的知识可能会使我们过得更好的话,你可能错了:社会越原始,暴力的人就越多。崩溃的社会不会自发变成天堂。是时候开始考虑用太阳能来发电了。

最后的人类会变成什么样？

在一切天翻地覆的世界末日中，也可能会有一小部分人类幸免于难。但由于被分裂或孤立，他们最终会变成另外一个样子，**克里斯托弗·肯普**说。

人类是一个成功的群体：没有其他任何一个物种能够像我们一样彻底地引领自身的命运或者塑造自身的环境。我们通过这样的能力避开了很多来自自然选择的压力，而自然选择压力原本会推动我们的进化。但是在过去的几千年中，智人进化得比以往任何时候都快，而且这种速度还会持续。那么，我们这个物种的命运将会是什么呢？

预测我们未来的演化是一件棘手的事情：很难知道会出现什么新的遗传特征，也很难知道它们中的哪些可能会产生影响。即便如此，科学家们已经开始通过研究健康和生殖的趋势来考量这种可能性了。

例如，耶鲁大学的斯蒂芬·斯特恩斯（Stephen Stearns）领导的一个研究小组发现，自1948年以来的60年中，马萨诸塞州弗莱明翰相对矮胖的女性往往比高瘦的女性生育更多的孩子。他们还发现，这些身体特征也会传给女儿，这表明自然选择鲜明地存在于人类中。很难说是什么选择了这些特征，但是看起来我们可以预期，西方国家的女性平均来说会变得稍微矮胖一些。

进一步说，我们也许可以开始引导我们自己的进化。从某种意上说，我们已经这样做了：通过塑造我们的环境和文化，我们无意中驱动了基因的遗传性改变。但是，如果先进的基因编辑技术能够对精子和卵子中的整个基因组进行操作的话，我们就可以掌控更多的东西了——我们将能够选择把哪些特征传给下一代。

核毁灭、失控的气候变化或其他灾难等可能会导致我们的灭绝，从而使整个计划被腰斩。然而，在大多数世界末日的场景中，至少有少数智人会幸存下来，或者被迫撤退到遥远的避难所。我们将从一个有70亿个体并且联系紧密的物种，变成支离破碎地分布在各个生态环境中的种群，而每个种群都受到当地环境压力的困扰。

美国自然历史博物馆的古人类学家伊恩·塔特索尔说，这些条件有利于形成新的更独特的物种。如果这些种群足够小，那么随着时间的流逝，那些有利的随机突变就可能被纳入幸存智人的基因组中，并且随着新的遗传性突变的积累，种群可能开始分化。

例如，最终，加拿大北部北极圈内的人类可能会适应环境的挑战，成为新的物种。与此同时，在澳大利亚，人们可能会适应完全不同的生活方式。最终，一个群体的成员将无法再与另一个群体的成员交配产生可生育的后代——这是出现不同物种的关键标志之一。

如果这些新人类物种再次互相接触的话，便会爆发战争。塔特索尔说："我们将会面临类似于上一个冰期结束时的情况。现代人类遍布世界各地，遇到其他人类种群就会消灭它们。"所以，历史可以重演：就像过去被我们战胜的竞争对手一样，我们这个所向披靡的物种也可能会被逼向灭绝。

创造一个新的人种是一个缓慢的过程。在哈佛大学研究人类演化的戴维·皮尔比姆（David Pilbeam）说，即使不用数百万年，也得要数十万年，这使得这样的物种形成不太可能发生。不管世界末日的情景如何，在物种形成之前，与世隔绝的种群还是会相遇并繁殖后代，除非人类已失去了探索的冲动。

最终，智人可能不得不移居到其他行星，以提供物种形成所需的长期隔绝状态。因此，哪怕有一种新人类形式的话，塑造它的也将会是外太空中一个新的完全陌生的环境。

如果一切生物都灭绝了会怎样？

早在本书的前面，**鲍勃·霍姆斯**就"杀死"了地球上的所有人类。而这一次，他更是消灭了所有生命。和他一起来看看接下来会发生什么。

世界末日的到来，也许是随着一声巨响———一个邻近的超新星爆发出致命的伽玛射线并射向地球，或是伴着阵阵哀号———一种对地球上每个生命细胞都有致命杀伤力的超级病毒肆虐全球。两者离我们都很遥远，但也都不无可能。然而，对它们的思考引发了一个有趣的问题：如果所有生物明天都要死去，地球将会怎样？

事情将严重得超乎你的想象。生命远不止是我们星球表面上的可有可无的行尸走肉。从气候以及大气的化学组成到地球景观的塑造，甚至板块构造，在许多看似没有生命参加的过程中，生命有机体也扮演着重要的角色。

加拿大维多利亚大学的地球系统科学家科林·戈德布拉特（Colin Goldblatt）说："生命的特征无处不在———它确实改变了整个地球。如果没有了生命，会改变什么？一切都会改变。"

那么，权当玩笑，让我们假设最糟糕的事情已经发生，地球上的所有生物都已经死亡：动物、植物、海洋中的藻类，甚至在地壳下数千米处的细菌全都死了，会发生什么呢？

首先来关注一下什么事不会发生。死去的有机体不会立即发生快速分解，因为这种分解几乎完全是由细菌和真菌引起的。分解仍然会发生，但只能通过有机分子与氧反应，所以会非常缓慢。许多遗体会直接变成干尸，而有些会被闪电点燃的火焰焚化。

随着气候变得越来越炎热和干燥，尤其在大陆的中心地区，大灭绝的第一个影响便开始快速地显现出来。这是因为森林和草地充当巨大的水泵，将水从土壤中抽出并释放到空气中。位于加利福尼亚州斯坦福市的卡内基科学研究所的气候科学家肯·卡尔代拉（Ken Caldeira）说，由于没有活的植物，水泵会在一周之内关闭，降雨随即停止。

从植物叶子中蒸发的水也有助于冷却地球，就像树木在流汗一样，因此干燥的世界很快就会变暖。"我认为温度可能要上升好几度。"卡尔代拉说。

在世界上的某些地方，这种影响可能会更强一些。例如亚马孙河流域很大程度上依赖于植物释放的水分来降雨。没有这些植物，这些地区可能迅速升温——升幅高达8℃，德国马普学会生物地球化学研究所地球科学家阿克塞尔·克莱顿（Axel Kleidon）说。

这还只是一个开始。随着岁月的流逝，越来越多的二氧化碳进入大气，世界将继续变暖。这主要是因为海洋中的浮游生物会把碳储存在体内，并随着死去沉入海底。随着这个"生物碳泵"逐渐停止运转，含碳量少的地表水很快与富含碳的深海水达到平衡，一些多余的碳就会进入大气中。宾夕法尼亚州立大学地球科学家詹姆斯·卡斯廷说，最终的净结果是，在短短20年内，大气中的二氧化碳大约会达到原来的3倍，足以使全球平均气温升高约5℃。

浮游生物还会以另一种方式让我们怀念，因为它们将大量的甲硫醚释放到海洋上空的大气中。这些分子充当水蒸气凝结成云的种子——特别是低空的浓云，可阻挡太阳辐射的热量传到地球表面。卡尔代拉说，如果没有浮游生物，在海洋上空形成的云层几乎马上就会变成更大的水滴，因此会变得更暗，吸收更多的热量。这可能会在数年到数十年内将温度又提升2℃。再加上二氧化碳带来的5℃，这将足以加速极地冰盖的融化。

随着世界变暖，更多的水将从海洋蒸发，所以也会有更多的降水。但并非所有地方都会变得更加潮湿。大部分多余的雨水分布很可能会像现在一样——在赤道地区，辐合的风导致空气向上对流、降温，并甩出水分。潮湿的地方可能变得更湿润，沙漠地区可能变得更干燥，但你不需要担心任何活物。

在这一切发生的时候，地球的土地也将逐渐地被侵蚀掉。没有植物的根的固定作用，土地就会被冲走。在雨水充沛的丘陵地带，这可能需要几个世纪的时间，而平原地带可能需要更长的时间。在像亚马孙盆地这样的地方，可能需要数万年的时间，加州大学伯克利分校地貌学家威廉·迪特里希（William Dietrich）说。

所有被侵蚀的土壤都会被运到某个地方去，其中大部分将进入海洋中，或形成比今天大得多的三角洲，或顺着河水流到入河口的扇形地中。

河流也会发生变化。我们今天所熟悉的深邃曲折的河流，依靠植物的根部来减缓对河岸的侵蚀，以防止其漫过岸上的景观。西雅图华盛顿大学地质学家彼得·沃德（Peter Ward）说，当这些植物的根消失时，河流将开始穿过堤岸，从单一的主河道转变成辫状溪流网络，就像今天在沙漠或冰川脚下看到的那样。这种情况以前也有过：大约在2.5亿年前的二叠纪大灭绝期间，河流突然从蜿蜒的线状变为辫状。

随着土壤的消失，世界也将变得更加沙化。今天常见的较细的黏土沉积物主要是蠕虫和其他有机体分解土壤的副产物。没有了它们，基岩破碎就主要靠冻融劈裂以及风蚀，这样碎片就会越来越少，越来越粗。

这看似微小的颗粒大小的变化，经过几十万年的积累，将产生两大影响。最容易看到的是景观的变化。较粗大的颗粒使得河流中有更多的磨料沉积物。随着时间的推移，这会使通向海洋的水流更加湍急，同时也会使山谷坡地变得陡峭。"很容易想象，你会看到更崎岖的景观。"科罗拉多大学博尔德分校地质学家彼得·莫尔纳（Peter Molnar）说。

径流模式的变化也可能增强这种河流对地貌的切割效应。尽管内陆地区降雨和降雪的可能性较小，但土壤失去了水分，可能意味着任何降雨和降雪都会引起洪水暴发。麻省理工学院地貌学家泰勒·佩龙（Taylor Perron）说，由于大多数侵蚀发生在急流中，这可能意味着，在某些地方，河流会把基岩削得比现在更陡峭，哪怕它们的平均携带水量更少。

然而，在其他地方，降雨和降雪的减少以及冰川的减少（冰川是切割山谷的最迅速的力量）可能导致侵蚀的减少。无论造山运动和侵蚀之间的平衡向何方倾斜，在几百万年间都足以改变山脉的高度和形

状。"最富有诗意的莫过于'木兮,山之所依'这样的词句了。"迪特
里希说。

不过,这些变化将是相对细微的。从火星表面的照片可以清楚地
看到,一个没有生命的世界对我们来说不会显得那么陌生。迪特里希
说:"看到它们,你会想,啊,这是亚利桑那州还是新墨西哥州啊?
这里岩石很多,而土壤很少,但它不会让人觉得像是一个外来星球。"

看起来不像,但如果你用温度计测一下,就不一样了。被侵蚀和
沉积的颗粒变大,会对气候产生惊人的巨大影响,因为这会降低岩石
的化学风化速度,而这是地球气候控制的重要反馈因素。化学风化是
指硅酸盐岩与二氧化碳之间的反应,可生成碳酸盐化合物。最终,这
些碳酸盐流入海底,在那里碳被固定下来,成为石灰石。由于生物会
将基岩分解成细颗粒,它们增加了岩石的总表面积,从而加速了化学
风化。

美国霍华德大学生物地球化学家戴维·施瓦茨曼(David
Schwartzman)说,虽然无法确切地知道具体数字,但是现存证据表
明生命体使风化速度提高了10~100倍。随着风化程度的降低,大气二
氧化碳浓度将上升,直到风化速度再次平衡。施瓦茨曼估计,在大约
100万年的时间里,二氧化碳水平可能增加到足以将平均温度从现在
的大约14℃提高到50℃,甚至60℃。这将使所有的冰盖融化。

在二氧化碳积聚的同时,氧气将慢慢消失。早期的地球上几乎
没有氧分子,由于氧分子太活泼,在没有稳定补充的情况下就无法存
留。只有当大约26亿~30亿年前光合作用开始产生氧气之后,这种气
体才开始在大气中积累。在生命消亡之后,它会逐渐消退。西雅图华

盛顿大学的行星科学家戴维·卡特林（David Catling）说，在大约
1 000万年内，大气中的含氧量可能会跌到不到现在的1%。

到那时，氧气将太少而无法维持臭氧层。而如果没有这层保护
毯，地球的表面将被紫外线击毁。"由于紫外线的原因，在一两千万
年后，情况会开始变糟。"卡特林说。

氧的缺失也会使地球变得更加了无生气。富铁的岩石将不再被氧
化成为人们熟知的红色。"地球表面会变得更接近灰色。"卡斯廷说。
但也会有些亮点出现。像黄铁矿和铀矿这样形成于低氧环境中、在地
球早期很常见的闪光矿物，将重新开始形成。

富含二氧化碳的无氧大气，暴露在大陆表面的裸露基岩，形成于
数十亿年前的最后的矿物——这些在地球科学家看来都非常熟悉。"如
果你杀光了生命体，再等上一亿年，我猜想，地球看起来就会跟从来
没有生命存在过一样。"卡尔代拉说。其他人也对他的这一预感表示
同意。

然而，地球无生命的未来与它无生命的过去相比，可能有着很重
要的一点不同。在地球存在之初，太阳大约比现在暗30%，然后它一
直在不断变亮，所以早期地球大气中富含二氧化碳会是一个优势，有
助于防止早期地球结冰。而现在在更加炎热的太阳下，二氧化碳则很
可能会把地球推向一个更极端的状态。

事实上，戈德布拉特认为失去生命会彻底颠覆气候的平衡。一些
模型表明，如果温度上升得足够高，大气中增加的湿度可能触发失控
的温室效应，其中较高的温度导致更多的大气水蒸气——一种强大的
温室气体——从而进一步升高温度，形成恶性循环。"今天的地球很

可能已经接近这个临界值了。"他说。

戈德布拉特强调说，人为的气候变化可能不会让我们陷入此境，"我们所说的变化要大得多。但如果如今的全球变暖持续数百万年的时间，最终形成一个失控的温室也是很可能的"。在极端情况下，温度可能上升到足以让海洋蒸发的程度，因此地球的表面温度最后可能达到1 000℃。"没有生命的地球会是什么样？答案很可能是：就像金星那样。"他说。

另一些人则没那么悲观——如果在讨论未来数亿年的推测事件时这个词是恰当的话。英国埃克塞特大学气候建模师彼得·考克斯（Peter Cox）说，金星之所以会变成这样的温室，可能是因为它的板块构造在演化的早期就停止了。他认为，地质构造仍然活跃的地球将继续通过板块的俯冲①来埋藏碳，防止大量二氧化碳释放到大气层中，并可能避免失控的温室效应。

然而，麻烦可能仍然存在，因为在没有生命的情况下，俯冲可能会减慢。如果没有生命，那么在俯冲带上给地壳运动润滑的细黏土沉积物将少得多。斯坦福大学地球物理学家诺姆·斯利普（Norm Sleep）说，这可能足以减缓甚至停止构造活动。

对我们所假设的光秃秃的地球的长期预测似乎并不振奋人心。没有了生命的覆盖，地球看起来可能也没有太大的不同，但是它很可能会变成一个更加不宜居的地方：气候更加炎热，山峦更加陡峭，充满宇宙辐射，以及出现更严重的极端降雨。从长远来看，它最终可能变

---

① 俯冲（subduction）是一个地质学名词，指一个板块沉到另一板块之下。——译者注

得完全不适合居住。

当然，除非有重大的事情发生，否则这一切将无法改变。没有人真正知道生命最初是如何起源的，但是很显然，它发生在地球冷却到可以居住后的几亿年之内。这同样可能在灭绝事件后不久再次发生。毕竟，大气中的大部分氧气——对许多生命起源前的化学反应有害——将会消失，而且周围可能存在大量的有机分子。最棒的是，没有预先存在的生物吞噬掉那些处在形成阶段早期的生命——这个障碍很可能阻止了地球的第二次起源。

事实上，一个寸草不生的全新地球就像一张干净的白纸，最终可能成为孕育未来新的生命形式的最好的温床。

地球在它生命的最后几天会经历什么？

在接下来的 70 亿年里，让我们和**安迪·里奇韦**（Andy Ridgway）一起去旅行，看看随着山脉的消失、海洋的扩散、地球上的日趋灼热，哪些动物会幸存下来。

我们都知道结局是什么：死亡。从 46 亿年前太阳诞生以来，太阳的核心就变得越来越稠密、越来越炎热。现在它比刚诞生时亮度大了 30%，而且只会越来越亮。生命的最终命运早已注定——它将在太阳的强烈能量下煎熬至死。地球将再次成为一块死气沉沉的石头。

但我们先别想得那么远，花几分钟想想地球最后的日子吧。当地球变得炎热不堪的时候，最后存活下来的生物是什么？它们会栖身于何处？我们大理石般的蓝色星球在它的最后一声绝唱中将呈现出怎样一番光景？在这最后的日子之前，人类早已消亡，所以我们永远不会知道真相，但这并没有阻止训练有素的研究人员对它的种种可能进行猜测。

生命的终结不仅是没落到空无一物而已。当新的、怪诞的生命形式诞生时，地球可能会迎来它的复苏时期。山脉将停止增长。这种情况发生的时间将决定哪些能够存活，而哪些不能。还有一个问题是，我们人类将在地球的未来扮演怎样的角色——特别是，我们是否能够让自己暂缓灭绝的脚步。

以提出盖亚假说而广为人知的詹姆斯·洛夫洛克，首先考虑了太阳光对地球的影响。在1982年和迈克尔·惠特菲尔德（Michael Whitfield）合著的一篇论文中，两人指出了一个已知的化学反应：雨滴中的二氧化碳与硅酸盐岩石发生反应，产生固体碳酸盐。这种风化过程将二氧化碳带出大气——温度越高，降雨量越多，这种作用的速度就越快。惠特菲尔德和洛夫洛克认为，当地球变暖时，风化程度会增加，最终会将二氧化碳的水平降低到使光合作用不得不停止的程度。当然，减少大气中的二氧化碳会抑制温室效应，阻止气温上升，但这只是短期的。随着时间的推移，太阳的暖化作用将占据主导。

没有光合作用就意味着没有植物生命，没有植物生命对动物来说永远都不是一个好消息。惠特菲尔德和洛夫洛克认为，地球上生命的完全灭绝可能在短短1亿年内就会开始，在地质时间尺度上，这只不过是一眨眼的工夫。虽然基本概念已经确定，但目前的观点是，实际上需要6亿~9亿年的时间才能使二氧化碳浓度降至光合作用所需浓度的百万分之十以下。

最近，康奈尔大学天体生物学家杰克·奥马利–詹姆斯（Jack O'Malley-James）草拟了地球最后的生物圈可能的命运。他与其他天体生物学家和植物生物学家合作，利用我们所知道的关于动物、植物和微生物能量需求的信息，考虑了诸如物种迁徙、新栖息地的能力等其他因素，试图构造出未来40亿年中的物种灭绝顺序。

奥马利–詹姆斯说："这有点儿像逆着生命进化树的方向追溯，动物变得越来越小，越来越简单。"沿着这一条路，有些物种预计会比其他物种发展得更好。例如，候鸟可以在地球变暖的时候寻找更凉爽、更高的地方。此外，海洋中的生命应该稍微好一点儿，因为水变暖需要的时间比空气更长。

在最简单的方案中，一旦大小脊椎动物在陆地和海洋中死亡，就只有海洋无脊椎动物会存留下来，并与微生物相伴。奥马利-詹姆斯指出，最后的不用显微镜就可以观察到的动物可能就是生活在深海热泉附近的管蠕虫了。

10亿年后，情况会越来越糟。到那时，全球平均气温预计将达到47℃。海洋将迅速蒸发，大气中的水蒸气将触发失控的温室效应。微生物会紧紧依附日益紧缩的水域中。热带地区的微生物将首先被杀死，最后极地地区的也不能幸存。有一段时间，山顶和地下冰洞将提供躲避炎热温度的庇护所。但是地下深处将会是生命的最后堡垒，那里的微生物将继续艰难度日，直到——在最乐观的估计下——30亿年后，它们最终消失。

这是最基本的想法。当然，现实更为复杂，一些因素可能会对这一切造成巨大的影响。首先，最近的研究表明我们对岩石风化的理解可能有缺陷，这将扰乱奥马利-詹姆斯对时间的估计。他说："尽管气温升高与大气中二氧化碳含量持续下降之间存在联系，但其他因素，如地形、岩石类型和酸度等可能更为重要。"多种因素共同作用的结果就是，二氧化碳含量的下降可能不像人们想象的那么快，这意味着植物会比预测的时间持续得更久，使生物圈的崩溃推迟数亿年，甚至更长时间。

板块构造也可以改变生物圈的命运。这个过程由地热驱动，而地热来自地球深处同位素的放射性衰变。但这些元素的总量是有限的，所以释放的能量将慢慢下降。当板块运动最终停止时，山脉将停止上升，几百万年后，侵蚀将使土地变得平整。"这在5亿~20亿年时间内随时都可能发生。"戴维·卡特林说，而其确切的时间将支配着生命的最后阶段，并决定地球是否会在干涸前变成一个水的世界。

月球在这些事件中也起到了作用。它正以每年3.78厘米的速度远离我们。之后15亿~45亿年的某段时间里，它将不再能保持地球的倾斜。英国威斯敏斯特大学天体生物学家刘易斯·达特内尔说，极地将开始倾斜到原本是赤道的那个平面上。没有月亮的稳定作用，地球的倾斜可能会摇摆不定。奥马利–詹姆斯说："这将产生非凡的气候效应。如果那时还有动植物的话，它们也可能撑不了多久了。气候条件将会不断变化。如果变化太快的话，有机体就不能演化或适应新的环境，可能会有很多灭绝事件发生。"

还有另外一种可能性。即使月球仍可对地球施加影响，地球的自转轴也可能会偏离它目前的23度黄赤交角。如果角度变得更大，季节之间的气候变化幅度就会更大，这可能会使一些地区的宜居时间延长，奥马利–詹姆斯说。

撇开地轴和板块构造的问题不谈，温度和二氧化碳的变化也带来了一些最有趣的可能性。西雅图华盛顿大学天体生物学家和古生物学家彼得·沃德说，这归因于它们的起伏会非常急速。当周围有植物时，岩石风化的速度要快上7~10倍，因为植物的根会破坏岩石，并将其更多地暴露于二氧化碳之中。"但是如果较复杂的植物死亡，因而没有了根，风化就会随之变慢。"沃德说。与此同时，火山将继续喷发二氧化碳，因此二氧化碳含量还将上升一段时间。当太阳越亮时，它的亮度也会变得越发不稳定。强度的突然增加将促进风化，并使二氧化碳含量回落。

沃德说，在这些条件下，地球的生物圈将会发生涨落。在相对凉爽的时候，生命的灭绝将有所缓和，复杂的生物体可能继续演化——这些生物体可能与我们熟悉的完全不同,而特别适合于低氧的环境和较高的温度,其身体可能也会演变出奇怪的形状或结构。

沃德设想动物可能会演化出新的适应能力,比如保护自身免受强烈辐射的盾牌——就像由富含铁的矿物质制成的海龟的壳。"或者你也可以想象一只背上背着一大袋水来保护内脏的动物,因为水也可以起到盾牌的作用。"

那我们呢?化石记录告诉我们,情况并不乐观。卡特林说:"哺乳动物的平均寿命只有100万年左右,寿命长达1 000万年的物种是非常罕见的。"到现在为止,我们已经在这里生存了20万年,所以我们仍然有几十万年的时间。但当真正大难临头的时候,我们很可能早就已经不在了。卡特林说:"我承认这不是一个流行的观点,'在地质时间尺度上人类是不可战胜的'这个观点更广为人知,而且更受欢迎。"

他列举了疾病、自然灾害和自身造成的生态崩溃等例子,这些均可能让我们这个物种告别舞台。瑞典斯德哥尔摩恢复中心的约翰·罗克斯特伦(Johan Rockström)说,只要温度上升8℃,就会改变我们所知的文明。如果海平面比现在高出约60米,大多数城市中心将被摧毁。淡水供应将移向两极,而热带地区基本上无法居住。"这很可能意味着人口将集中在南北两个半球的顶端。"罗克斯特伦说。

让我们脑洞大开,想象一下如果智人克服了这些相当严峻的可能情况并找到了解决这些问题的方法,会怎么样。在这种情况下,我们可能会发生演化,以适应我们的新条件,罗克斯特伦说。

卡特林说:"我们目前所认为的人类进化的顶峰可能只是昙花一现。在人类得以生存这样的乐观场景中,技术将使人类的后代转化为人类难以辨识的后人类物种。很难想象现代基因治疗或假肢装置的发展具体将如何把人类物种转变成另一种物种，但肯定是不同的物种。"

谁能告诉我们，这个物种有什么本事呢？"在遥远的将来，如果人类或者其他一些智慧物种还活着的话，他们大概会尽一切努力来阻止气温上升。"达特内尔说。但选择非常有限。"唯一能真正延缓地球变得不宜居的过程的办法是真正大规模的地球工程，比如一个行星遮阳棚。但是，到40亿年之后，即使遮阳棚的维护都成了问题。"卡特林说。然而，还有一个更冒险的选择。

随着太阳越来越亮，宜居带将向太阳系的外侧移动，到达地球无法涉足的地方。达特内尔说："那么，为什么不把地球的轨道向外移动，这样地球就仍然位于宜居带之中了？我们可以把彗星或小行星拉向地球，这样它们就可以被重力的弹弓效应弹回，你就可以把彗星的轨道能量转换成地球的轨道能量，地球就会向外迁移。"

但即便是这样也是有限度的——任何文明都不可能经受住75亿年后太阳变成红巨星的影响。所以，最终的结局总是如此——除非我们搬到了完全不同的地方，否则，我们都得死亡。

我们的星球能否逃离垂死的太阳？

当深陷太阳"温暖的怀抱"中时，内层行星将会被烤成面包干，但地球可能可以摆脱它的束缚。**乔舒亚·索科尔**讨论了最终的逃离计划。

超新星总有一天要爆炸，并把其周围的行星抛进太空。我们的太阳不会经历这个过程，它的质量还达不到。但距今大约60亿年后，当它最终燃烧掉氢燃料时，这个位于太阳系中心的巨大的热等离子体将变得如此膨胀和明亮，以至于将使我们宇宙中的邻居发生永久性的变化。

像大多数恒星一样，太阳是一个主序星：在它的中心，核聚变通过将氢转化为氦而产生能量。一旦所有的氢都消耗殆尽，核心周围的一层氢就会被点燃，产生的额外热量将克服向内的引力，让太阳膨胀起来。

其结果就是，它变成了一颗红巨星：比现在还亮几千倍，且更加膨胀，其外层将吞没最内层的行星。尤为壮观的是，它的半径将延伸得比地球目前的轨道还要更远一些。

但是我们的小小蓝色大理石星球也可能会逃走。太阳在膨胀的过程中，将失去其1/3的质量，这些质量变成巨大的、由带电粒子组成的风向外飘散。它的部分引力也随之而去，使得彗星、小行星和行星摇摇晃晃地迁移到更远的轨道上。

对于最内层的行星来说，那就是与时间赛跑。"随着太阳变大，水星、金星和地球将各自设法逃离太阳。"英国华威大学的迪米特里·韦拉斯（Dimitri Veras）说。水星和金星几乎肯定会消失，它们都被太阳膨胀的大气所吞没，被潮汐力撕成碎片。

地球的命运不太确定。行星有向外飘移的趋势，但太阳外层的潮汐力也有把它牵引回来的趋势。"这种情况就难说了。"韦拉斯说。不过无论如何，所有地球上的生命都会遭殃：向内拖拽地球的潮汐力会使其内部升温，引发全世界的火山爆发。

地球以外的所有行星应该都会幸存下来，但它们的大气将被转化或蒸发掉。韦拉斯说，我们的超强太阳甚至会毁掉小行星带。当太阳光撞击小行星时，它们旋转得越来越快，许多会在离心力作用下分崩离析。而奥尔特云，这个在太阳系最远边缘松散结合的大量冰质天体群，将悄无声息地飘移到星际空间。

但还有一线希望：膨胀的老年太阳将如此明亮，以至于太阳系寒冷的外部区域，包括冥王星所在的柯伊伯带，可能将适宜生命居住。但是，这个机会也是稍纵即逝。

太阳这颗膨胀的红巨星过了8亿年后，将缩小到目前大小的11倍，然后短暂地再次膨胀。最后，它的大气将被吹走，留下一个炽热的核心：白矮星。恒星余烬会冷却并最终结晶，使柯伊伯带再次被抛弃在寒冷中。

地球的寿命会超过银河系吗？

我们的银河系必然会与它的邻近星系发生撞击。但**麦克雷戈·坎贝尔**说，如果地球能维持到那时的话，它也许能幸存下来，而且毫发无伤。

作为一个游荡在黑暗海洋中的微小光斑，银河系似乎足够稳定，而且确实它的存在时间也几乎和宇宙本身一样长。但是引力在创造了这个我们称之为家园的星系的同时，也决定了它的命运：舞动着进入邻近仙女星系的死亡螺旋。

仙女座又称旋涡星系 M31，正以每秒 110 千米的速度朝我们袭来。由于它距离我们超过 250 万光年，所以即使再过 40 亿年它也不会与银河系相撞，这是一个好消息。

天文学家已经知道仙女座在近一个世纪中的大部分时间里的路径，但是对它的轨道的测量还不够精确，无法判断我们的星系是只会擦伤旋臂还是会受到实实在在的撞击。这个意见分歧现在已经解决。约翰斯霍普金斯大学的托尼·索恩（Tony Sohn）利用哈勃望远镜提供的数据以三维方式对仙女座的活动进行了跟踪。"我们的测量表明，这次碰面将会是正面碰撞。"他说。

碰撞过程本身就会持续超过 25 亿年。一开始，仙女星系将在夜空中更加明亮。然后，当来自两个星系数以千亿计的恒星、大型气体云和一大片暗物质旋转并粉碎时，新的恒星形成区域将被点燃，每个区域都将燃烧数千年。

两个星系会多次互相擦肩而过，最终合并成一个新的巨型星系（有时被称为"银河仙女星系"）。但是恒星和行星不太可能相互撞到一起，索恩说。银河系恒星之间的平均距离是 4 光年，这给仙女座的恒星和行星留下了足够的空间可以安然无恙地通过。听起来可能有点儿难以置信，但最初的碰撞可能并不会直接影响到我们太阳系。不过，与其他天体擦肩而过会扭曲引力以及扰乱行星轨道，索恩说。

当动荡结束后，银河仙女星系很可能会作为一个椭圆星系——一个在夜空中漫射星光的巨大球体——沉降下来。星系的合并完成后，将在无尽的黑暗中留下一个稍大一点儿的光斑。

宇宙终结时会发生什么？

丹尼尔·科辛斯说，世间万物最终是何结局，取决于你在多重宇宙中所处的位置，以及暗能量的神秘本质。

20世纪90年代对遥远超新星的观测表明，在过去的几十亿年里，宇宙的膨胀速度正在加快。科学家把宇宙加速膨胀的动力称为"暗能量"，但没有人知道它是什么。如果正如大多数宇宙学家所假定的那样，它是永恒不变的话，宇宙的膨胀将继续有增无减，最终宇宙也将变得非常稀疏，以至于所有星系、恒星甚至粒子均无法互相联系，甚至看不到对方。没有新的恒星形成，现存的恒星也将烧毁。随着温度越来越接近绝对零度，这个松弛的宇宙将会在寒冷和黑暗中黯然消失，这被称为"大冻结"。

然而，暗能量的存在只在过去的几十亿年中被人们感觉到，所以它还可能会随着时间的推移而变得更强。如果是这样，宇宙的命运肯定要比冻结更具戏剧性。汹涌的暗能量会慢慢地撕裂星系和恒星，最终也会撕裂时空本身。最近的计算表明，这种"大撕裂"最早可能发生的时间是28亿年后，比我们的太阳预计燃尽的时候要早得多。然而，大多数宇宙学家认为太阳系是安全的。即使会发生大撕裂的话，最有可能是在未来数百亿年之后。

如果暗能量因任何原因而减弱——也许甚至变为负，引力将最终战胜这一有如鬼魅般的可恶对手。宇宙会扳动倒车挡，继而开始收缩，一直到达它开始时所处于的那种密度无穷大的点。以"大爆炸"为开端的宇宙最终通过"大挤压"而终结。虽然这对于宇宙中的一切来说都是坏消息，但是对于宇宙本身来说也许不是坏事：一些模型表明，它可以通过一种被称为"大反弹"的过程重新弹出，从而产生另一个宇宙，开始下一场循环。

还有一种令人不安的结局——"大啜饮"，其发生的可能性也非常令人不安。希格斯玻色子可为其他基本粒子赋予质量，因此在某种意义上，它也是宇宙稳定性的保证。但是2012年在欧洲核子中心发现的希格斯玻色子出人意料地轻，这表明它所建立的宇宙是一个不稳定的"假真空"状态，在毁灭的边缘摇摇欲坠。量子涨落随时都能变戏法般地弄出真正的真空泡泡。在这种情况下，宇宙将以光速从内向外"吃"掉自己，其速度比我们所知的要快得多。

下面带着沉重的心情，我们将暂时关上多重宇宙的大门。我们的旅程经历了一些令人难以置信的景象——有的世界里无人居住，有的世界里爱因斯坦和牛顿只是历史长河中的路人甲，还有一些其他的世界，在那里我们的后代已经排干了海洋，变成了新的人类。

当我们回到自己的宇宙时，我们不得不把所有这些东西抛在身后，以一套全新的视角回归。游览其他现实的起起落落，给予了我们审视自己在多重宇宙中的位置的机会。我们知道，民族国家是官僚制度的产物，组织有序的宗教不用依赖神的存在便可提供福利；如果时间倒转的话，我们可能都察觉不到。

我们可以将这些见解应用到我们自己的宇宙中，我们可以建立更多样化的社区，与不同信仰的人们找到共同点，或只是不再对未来担忧，而是像看待既成的事实那样看待它。正如任何美好的旅程一样，对多重宇宙的思考已经拓宽了我们的视野，而这并不需要我们离开座位一步。

如果你回到自己的宇宙后觉得很无聊，既没有复制者，又没有大脑上传器或火星基地,你只要记住,我们的世界也是别人所幻想的假设情景。在多重宇宙的某个地方,一只身着太空服的恐龙正凝视着地球,并好奇如果小小的、毛茸茸的哺乳动物变成了智慧物种的话,世界会变成什么样子。

你已经生活在另一个的宇宙里了。

欢迎回来。

致
谢

　　感谢所有的撰稿人，编辑克里斯·西姆斯，副编辑杰里米·韦伯、格雷厄姆·劳顿和素密·保罗–乔杜里，约翰·默里出版社的托比·芒迪、乔治娜·莱科克和尼克·戴维斯，《新科学家》的所有成员，当然还有我们忠实的读者。若没有大家的齐心合力，本书就不会出现在茫茫多重宇宙中的任何一隅。

迈克尔·布鲁克斯：《新科学家》顾问，著有《无意义的13件事》（*13 Things That Don't Make Sense*）、《科学中不为人知的混乱》（*The Secret Anarchy of Science*）和《我们能穿越时间吗？》（*Can We Travel Through Time?*）等。他拥有量子物理学博士学位，定期为各种报纸和杂志撰稿。

香农·霍尔：在《新科学家》《美国国家地理》《发现》等多家杂志任科学记者。

罗恩·胡珀：《新科学家》资深编辑。拥有演化生物学博士学位，先后作为科学家和记者在日本工作了8年，之后在都柏林三一学院就职，最后定居于多重宇宙中的一个稳定地点——伦敦。

卡蒂娅·莫斯科维奇：英国广播公司前科技记者、《自然》杂志记者、《新科学家》撰稿人。目前为《专业工程学》（*Professional Engineering*）杂志的编辑。在一个平行的自由职业者世界里，她仍然定期撰写关于物理学和天文学的文章，为《鹦鹉螺》（*Nautilus*）和《量子》（*Quanta*）杂志撰稿。

乔舒亚·索科尔： 波士顿自由职业科学记者。作品见于《大西洋月刊》《新科学家》《华尔街日报》。

理查德·韦布：《新科学家》专题总编。

黑兹尔·缪尔： 自由撰稿科学作家，为《BBC 之夜空》《新科学家》等杂志撰稿。

科林·巴拉斯：《新科学家》顾问，古生物学博士，定期撰写关于人类进化和生命科学的文章。

克里斯托弗·肯普： 作家，居于密歇根州大急流城。

A. 鲍登·范里佩尔： 历史学家，致力于研究大众文化中的科学技术，有《想象飞行》（*Imagining Flight*）、《猛犸象群中的人们》（*Men Amony the Mammoths*）等多部著作出版。

迈克尔·勒佩奇：《新科学家》作者兼编辑。

威廉·林奇： 美国韦恩州立大学副教授。

彼得·罗兰兹： 英国物理学会特许物理学家，著有《从零到无穷大：物理学的基础》（*Zero to Infinity: The Foundations of Physics*）等 10 本科学和历史方面的著作。

约翰·沃勒： 密歇根州立大学医学史副教授。有《爱因斯坦的运气》（*Einstein's Luck*）和《细菌的发现》（*Discovery of the Germ*）等多部著作。

格雷厄姆·劳顿：《新科学家》执行编辑、《万物起源》[*The Origin of (Almost) Everything*] 的作者。拥有生物化学学士学位和科学传播学硕士学位。

杰拉尔德·霍尔顿： 哈佛大学物理学和科学史教授。

史蒂夫·富勒：华威大学社会学教授，著有《对血统的异议》（*Dissent Over Descent*）、《人类的2.0版》（*Humanity 2.0*）等多部著作。

亨利·斯潘塞：美国航空航天局Unix系统程序员、空间历史学家、航天爱好者。

麦克雷戈·坎贝尔：俄勒冈州波特兰市科学作家和影像制片人。其作品屡见于各类杂志和网络出版物中。

吉利德·阿米特：《新科学家》专题编辑。

肖恩·奥尼尔：《新科学家》编辑。职业生涯范围较广，曾从事垃圾收集、电视节目制作、文案工作，做过副编辑、编辑等。他目前致力于人力方面的工作，但仍旧写作，偶尔会写些专题文章。

乔舒亚·豪威戈格：《新科学家》专题编辑，负责物理科学板块。拥有化学博士学位，笃信上帝——至少在这个宇宙中他是这样的。

凯特·道格拉斯：《新科学家》生物学专题编辑。

丹尼尔·科辛斯：《新科学家》专题编辑。

阿尼尔·阿南塔斯瓦米：《新科学家》顾问，《物理学的边缘》（*The Edge of Physics*）和《缺席者》（*The Man Who Wasn't There*）的作者。他在印度国家生物科学中心教授科学新闻学，是加州大学圣克鲁斯分校科学写作项目的客座编辑。

鲍勃·霍姆斯：《新科学家》长期顾问，著有《关于味觉：我们最忽视的感觉的科学》（*Flavor: The Science of Our Most Neglected Sense*）。居于加拿大埃德蒙顿，喜欢在那里遐想各种各样的未来。

迈克尔·马歇尔：自由撰稿科学作家，曾为《新科学家》和英国广播公司工作。他写了大量有关可怕的环境问题的文章，以及一系列关于奇怪的动物性行为的故事。

德博拉·麦肯齐：从事《新科学家》记者30余年，被称为"世界末日通信者"。撰文涉及疾病、大规模杀伤性武器、粮食生产限制以及复杂系统（如人类社会）的演变和偶尔的脆弱性等方面。

凯瑟琳·布拉西克：获奖科学记者、《新科学家》编辑，专注于人类的进化和我们的自然环境。

迈克斯·泰格马克：麻省理工学院数学教授、基础问题研究所科学主任。

杰夫·赫克特：《新科学家》顾问，《理解激光》（*Understanding Lasers*）、《光束：制作激光的竞赛》（*Beam: the Race to Make the Laser*）等书籍作者。拥有加州理工学院工程学学士学位，定期为各种杂志撰稿。

萨莉·埃迪：《新科学家》记者兼编辑，"从不盖棺论定"（the Last Word on Nothing）博客网站的撰稿人。如果有人能发明一个复制器的话，她也许能做更多的事情。

托比·沃尔什：新南威尔士大学人工智能教授。

弗雷德·皮尔斯：《新科学家》顾问，著有《人类的冲击：大迁移、老龄化国家和即将到来的人口崩溃》（*Peoplequake: Mass Migration, Ageing Nations and the Coming Population Crash*）。作为婴儿潮一代的一员，他目睹了世界化解人口爆炸的过程。

莉萨·格罗斯曼：马萨诸塞州剑桥市物理学及天文学获奖作家。

戴维·罗布森：作家，从事关于大脑、身体和行为方面的写作。目前正在为霍德斯托顿出版社撰写《智慧陷阱》（*The Intelligence Trap*）。

安妮-玛丽·科利：活跃于得克萨斯州、加利福尼亚州及太平洋西北部的作家及编辑。作为一名伊拉克战争的老兵，她通过练习瑜伽来疗伤，迷恋数学和物理方程，相信我们所理解的时间是不存在的。

安迪·里奇韦：西英格兰大学科学传播学高级讲师，获奖记者。

本书由弗兰克·斯温编辑。在当前这个宇宙中，他是《新科学家》的共同编辑，也是常驻机构的半机器人。

Reality Is Not What It Seems: The Journey to Quantum Gravity by Carlo Rovelli (Penguin, 2016)

The Big Picture: On the Origins of Life, Meaning, and the Universe Itself by Sean Carroll (OneWorld Publications, 2016)

Cosmic Coincidences by John Gribbin & Martin Rees (CreateSpace Independent Publishing Platform, 2015)

The Long Earth by Terry Pratchet and Stephen Baxter (Doubleday, 2016)

Our Mathematical Universe: My Quest for the Ultimate Nature of Reality by Max Tegmark (Penguin, 2014)

What the Earth Had Two Moons? by Neil F. Comins (St. Martin's Press, 2010)

Never Pure: Historical Studies of Science as if It Was Produced by People with Bodies, Situated in Time, Space, Culture, and Society, and Struggling for Credibility and Authority by Steven Shapin (John Hopkins University Press, 2010)

Field Guide to Dinosaurs: A Time Traveller's Survival Guide by Steve Brusatte (Quercus, 2009)

Masters of the Planet: The Search for Our Human Origins by Ian Tattersall (Macmillan Science, 2012)

What If?: Serious Scientific Answers to Absurd Hypothetical Questions by Randall Munroe (John Murray, 2014)

The Impact of Discovering Life beyond Earth by Steven J. Dick (Cambridge University Press, 2015)

Aliens: Science Asks: Is There Anyone Out There? edited by Jim Al-Khalili (Profile Books, 2016)

Phi: A Voyage from the Brain to the Soul by Giulio Tononi (Pantheon, 2012)

Deviate: The Science of Seeing Differently by Beau Lotto (Weidenfeld &Nicolson, 2017)

Beyond Boundaries: The New Neuroscience of Connecting Brains with Machines - And How It Will Change by Miguel Nicolelis (St Martin's Press, 2012)

The Knowledge: How to Rebuild Our World After An Apocalypse by Lewis Dartnell (The Bodley Head, 2014)

How Many Friends Does One Person Need?: Dunbar's Number and Other Evolutionary Quirks by Robin Dunbar (Faber & Faber, 2010)

Scale: The Universal Laws of Life and Death in Organisms, Cities and Companies by Geoffrey West (Weidenfeld & Nicolson,)2017

Soonish: Ten Emerging Technologies That'll Improve and/ or Ruin Everything by Kelly and Zach Weinersmith (Particular Books, 2017)

Earth in Human Hands: Shaping Our Planet's Future by David Grinspoon (Grand Central Publishing, 2016)

The Earth After Us: What Legacy Will Humans Leave in the Rocks? by Jan Zalasiewicz (Oxford University Press, 2008)

Global Catastrophic Risks by Nick Bostrom and Milan M. Cirkovic (Oxford University Press, 2008)

Collapse: How Societies Choose to Fail or Survive by Jared Diamond (Viking Books, 2005)